清华大学工程物理丛书
ENGINEERING PHYSICS TEXTBOOK SERIES

U0645385

聚变能源概论

高喆 著

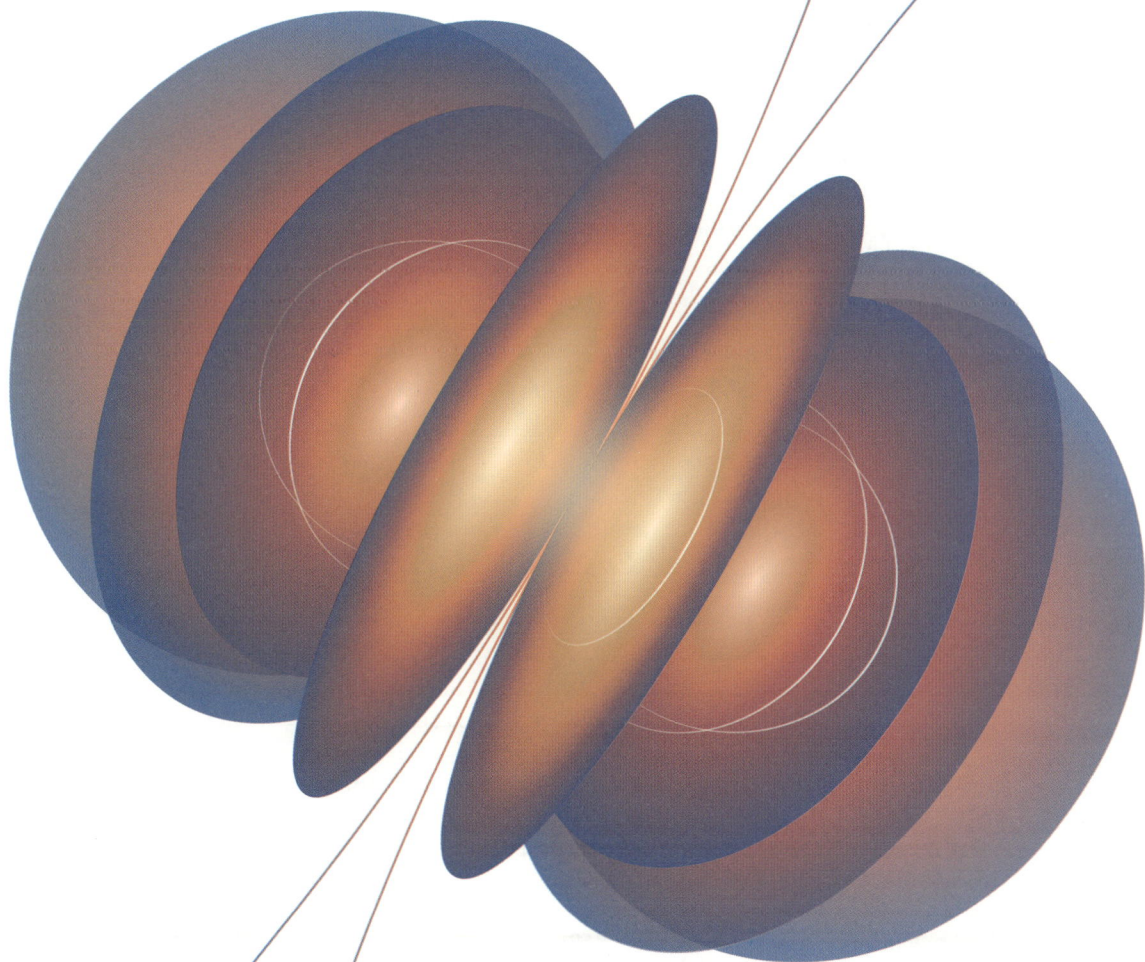

清华大学出版社
北京

内 容 简 介

本书从能源的基本概念和太阳等恒星中的聚变开始，讲述人造太阳——受控核聚变可以利用的聚变反应及不同反应的比较；从能源系统的功率平衡概念出发，阐明聚变实现能源利用的必备条件；从如何实现聚变条件，讲述几种可能实现受控聚变的主要途径；从物理走向工程，讲述聚变堆和聚变电站面临的物理和工程挑战；最后从聚变能源和聚变研究的特点出发，在社会发展和人类文明进步的高度探讨聚变能源研发的前景。

本书可作为聚变能源相关课程的教材，也可用于对聚变感兴趣的普通读者阅读。

图书在版编目(CIP)数据

聚变能源概论 / 高喆著. -- 北京 ： 清华大学出版社，2025. 6.
(清华大学工程物理丛书). -- ISBN 978-7-302-69367-3

Ⅰ. TL

中国国家版本馆 CIP 数据核字第 2025YK8048 号

责任编辑：朱红莲
封面设计：杨雨心
责任校对：赵丽敏
责任印制：宋　林

出版发行：清华大学出版社
　　　　网　　　址：https://www.tup.com.cn, https://www.wqxuetang.com
　　　　地　　　址：北京清华大学学研大厦 A 座　　　邮　　编：100084
　　　　社 总 机：010-83470000　　　　　　　　邮　　购：010-62786544
　　　　投稿与读者服务：010-62776969, c-service@tup.tsinghua.edu.cn
　　　　质量反馈：010-62772015, zhiliang@tup.tsinghua.edu.cn
印 装 者：三河市铭诚印务有限公司
经　　销：全国新华书店
开　　本：185mm×260mm　　　　　　印　　张：10.5　　　　字　　数：229 千字
版　　次：2025 年 8 月第 1 版　　　　印　　次：2025 年 8 月第 1 次印刷
定　　价：58.00 元

产品编号：109841-01

丛 书 序

随着 1895 年威廉·康拉德·伦琴发现 X 射线和 1896 年安东尼·亨利·贝克勒尔发现天然放射性，人类推开了核科学的大门。百余年来，核科学与技术领域取得了大量杰出的成就，不仅重塑了人类对物质结构与宇宙演化的认知，为科学发展打开了全新视野，而且催生了一系列颠覆性技术成果，对社会变革和人类命运产生了深远影响。核科学与技术的研究方法与对象，既包括利用先进辐射探测方法开展暗物质探测、中微子测量这样的前沿科学探索，也包括建设研究型反应堆、粒子对撞机、先进光源、散裂中子源等面向微观探索的大科学装置。核科学与技术的应用范围非常广泛，裂变核能开发和可控聚变核能前沿研究面向与人类发展息息相关的能源问题，非动力核技术广泛应用于医疗、工业、农业、环境与资源、国防、公共安全和太空探索等不同领域，与国家和社会安全、人民生命健康和高质量发展密切相关。

核科学与技术领域关心的问题跨越了很大的尺度范围：空间尺度可以小到 10^{-15}m 或更小，大可以到天文尺度；能量可以低到数 eV，高可以到 10^9eV 或更大；时间可以短到 10^{-22}s，长可以远超宇宙的年龄。学习本领域的知识需要有良好的数学物理背景：数学应以微积分、线性代数、复变函数、数学物理方程、概率论与数理统计等为基础；物理则应以大学物理为基础，掌握必要的量子物理知识，部分方向需要有较好的电动力学和理论力学知识。同时，作为从物理走向工程的学科，具备足够的工程技术基础知识也很重要。

核科学与技术领域的知识体系具有宽而深的特点，学习难度较大。这里，我们试着按核技术和核能两个大方向对其进行分类。核内核子/核外电子的排布会带来核/原子结构的特异性信息。对透射和散射射线的分析可以提供被检测物质的内部结构信息。如何产生射线？射线与物质作用的规律是什么？如何利用射线激发并提取物质的特异性信息？射线对被辐照对象产生的影响是什么？这些都是核技术方向关心的重要问题。不确定度关系揭示了更深物质层次变化对应更大能量释放的原理，无论是裂变还是聚变都是值得关注的巨大能量产生方式。如何进一步提高裂变核能的经济性、安全性，如何通过创新性研究拓展裂变核能的应用范围？如何突破聚变物理、技术、工程上的瓶颈问题，尽早实现聚变能发电目标？这些都是核能方向关心的重要问题。

基于近 70 年的人才培养教学实践，自 2019 年起，清华大学工程物理系启动构建了以 7 门本科生专业核心课为基础的知识体系。两门基础课中："核辐射物理及探测学"作为桥梁课程，将学生的视角带到核的层次，使学生了解核的特性，掌握核的自发/诱发转变所伴生射线的产生与探测问题；"辐射防护及保健物理"介绍辐射防护的概念、理论、方法和法规。在核技术方向的专业核心课中："射线源导论"讨论如何产生和加速电子或离子以生成感兴趣射线的原理；"核仪器原理"讨论如何处理探测器信号并提取、表达和利用其中所含的各种物理信息。在核能方向的专业核心课中："核工程原理"讨论裂变能的产生与应用原理和反应堆的设计与分析方法；"聚变能源概论"讨论聚变能的产生原理、技术与工程实现问题；"核燃料与核材料"讨论核工程中燃料与材料的问题。工程物理系的本科生专业课以及研究生核心课则依托这些课程展开。伴随着各门课程的持续建设，我们将在适当的时候出版对应教材，并逐渐汇聚成为工程物理系列丛书。

清华大学工程物理系推出的工程物理丛书，希望对核科学与技术领域的知识体系起到梳理的作用，同时兼顾教与学两个方面，为同学打下良好的核科学与技术基础。由于水平有限，我们也热切地希望得到同行们的批评与指正。

清华大学工程物理系

2025 年 8 月

前 言
PREFACE

自从知道太阳的能量来自聚变，在地球上建造一个"人造太阳"，实现丰富、高效、清洁、安全的聚变能源利用就成为人类的一个伟大而美丽的梦想。从 20 世纪 50 年代到现在的 70 多年里，聚变能源的开发研究经历了巨大的进展，也遭受了颇多挫折，然而人类不断探索进取，争取早日实现聚变能利用的努力一直在持续，聚变能也一直被认为是可以改变世界能源格局的突破性技术。当下，聚变研究进入从物理到工程的关键阶段，国际合作的国际热核聚变实验堆（ITER）计划尽管一再推迟但仍在继续推进，各主要国家也纷纷制定了从实验堆到工程堆再到示范电站的发展路线图。尤其是近年来高温超导材料和人工智能技术的发展有望快速推动聚变发展的进程，政府外的社会资本也开始纷纷支持聚变研发的开展，聚变研究进入一个发展的新机遇期。

在这样的背景下，不少学校的工程物理或核工程相关专业开始将聚变能源相关课程纳入本科必修或限选课程。作者所在的清华大学工程物理系也是如此，为满足同学们对聚变能源了解的需求，在 2018 年开设"聚变能源概论"课程，然后从任选到限选再到必修。在授课的过程中，作者从国内外一系列教材和参考书中学到了很多系统的知识，但同时感觉缺乏一本合适的教材用于课程教学。以往的参考书或过于简略科普而缺乏课程知识体系的系统性和科学性，或专注于等离子体物理之具体问题而缺乏对聚变的全貌性介绍。例如，Friedberg 的《等离子体物理与聚变能》相对而言对聚变系统的功率平衡介绍比较完整，但其等离子体物理部分过于深入，且缺乏对聚变工程部分的介绍；McCracken 等的《宇宙能源——聚变》则过于科普；F.F. Chen 的《等离子体物理导论与受控核聚变》是等离子体物理入门的经典教材，但涉及聚变的系统介绍较少；Roth 的《聚变能引论》在物理和工程的安排上较为均衡，但成书较早，内容陈旧。因此，在聚变能源概论课程教学的工作中，作者逐渐萌生了编写一本教材的想法。本书就是从课程讲义出发，经过几轮试用，不断听取各方建议逐渐更新完善，从而形成现在的版本。

本书是一本概论性质的教材，希望读者能由浅入深，从能源角度系统地审视聚变研究中面临的物理、工程甚至社会问题，对这些问题形成初步但准确的了解，以期在大学二、三年级具有的大学物理知识基础下对聚变能源的概况和发展有比较全面、科学、客观的认识，对关于聚变能发展的各种信息有一定的分析和辨识能力，从而满足本方向学生以及对聚变能源感兴趣的普通读者了解聚变的一般需求。因此本书对等离子体物理部分采用了尽量简略的方式，并尽可能从图像出发解释其中的一些概念，对一些知识在直观解释的前提下直接给出结论，对聚变研究则着重于前沿趋势而非具体研究的细节。这些都是为了降低普通读者和一般学生阅读本书的难度。然而，对于有志于继续从事聚变方向研究的同学和科研工作者，则需要针对本书省略的大量物理和工程技术细节，通过更专业的书籍、文献及科学研究进行深入的学习和探索。

在本书的编写过程中，我的助教魏云逍、李自龙、黄子凯、董晨超等对文稿、公式进行了校对，对习题进行了解答，特别是魏云逍协助完成了许多插图的绘制；在清华大学的课程教学过程中，学生们检查出了许多各种各样的错误，并提出了很多有益的意见和建议，作者在此一并致谢！

不可避免地，由于作者的视野、水平和时间所限，本书的知识、观点及整体结构都有继续改进的空间。在此恳请读者指正，俟后修改。

高　喆

2024 年 8 月于清华园

目 录
CONTENTS

绪　论

能源是人类生存和文明进步的基础，能源的发展离不开科技进步和科技创新的支撑。本章将从国际能源形势、能源的基本概念、多种多样的能源形式介绍聚变研究的能源大背景。

1.1　备受关注的聚变能

几十年来，关于聚变的新闻总会引起社会极大的关注。这种关注和人们对于天体物理（诸如黑洞、引力波）或者基本粒子物理（诸如希格斯子）的关注有所不同，后者更大程度源自人类对于未知世界的兴趣，而人类对于聚变的关注则是因为它可能从根本上解决人类社会所面临的能源问题。

为什么能源问题这么重要？从历史的维度，每一次新能源的发现，都伴随着人类社会的巨大进步。燧人氏钻木取火，人类告别了茹毛饮血的时代；瓦特发明蒸汽机，拉开了工业革命的大幕；法拉第电磁感应定律的发现，开启了恢宏的电气时代；核武器以一种前所未有的方式展示了核能的巨大威力，随后和平利用的核电为人类提供了一种高效绿色的新能源。从生活的微观角度来看，经济的发展、生活水平的提高都是和能源消耗量密切联系的，这都可以在各种国际组织或者各种委员会等提供的研究报告中找到明确的关系。然而，与能源的旺盛需求矛盾的是，能源的供应并不是那么充足和均衡，能源的价格并不是那么便宜，因此能源问题被尖锐地作为一个"问题"被提出来。在进入"低碳社会"的呼声下，提倡能源集约型经济增长，只能是降低由于单位生产总值或者生活水平提高而产生的能源消耗量，而不能改变二者正相关的关系。

更进一步，并不是充足和便宜的能源就一定能解决问题。能源问题还和其他问题有密切的联系，比如最突出的是环境问题。化石能源带来的空气污染已经是大家的共识，而越来越多的证据表明温室气体的排放对环境有明显的副作用，因此在能源生产和使用过程中，环境友好的概念得到越来越多的重视。

需要特别注意的是，能源消耗在全世界是极其不平衡的。发达国家和地区要保持现有生活方式和持续提高生活水平，而欠发达国家和地区则要努力达到发达国家的生活方式和生活水平，能源的总消耗量和消耗的地域分布势必会引起巨大的变化。而在这样一个全球追求充足、便宜、清洁能源的过程中，政治、军事等因素的介入也不可避免。回顾历史和观察时事，多次国际局势动荡背后无不有能源问题的影子。

在这样的背景下，聚变能作为一种具备丰富、高效、清洁、安全特点的能源，作为一种可能一劳永逸地解决人类能源问题的方案闪亮登场，理所当然地受到人们的极大关注。也正是聚变能几乎具备理想能源的所有优点，吸引着一代又一代追梦人，在聚变涉及的复杂的科学和工程领域艰苦探索，为实现聚变能源的开发利用而不懈努力。

1.2 何为能源

让我们回到基本问题上来。第一个问题就是什么是能源？答案似乎很简单，能源就是能够提供能量的资源。那么，什么是能量呢？这其实是个很难定义的概念。从生活的经验或者物理学的知识，我们可以理解能量具有多种存在形式，比如动能、势能、内能、化学能、核能、电能等。能量在不同的形式之间可以转化，但是其总量保持守恒。通常教科书上的一种定义是能量是做功的能力，另外一种是能量是最终可以转化成热的物质形态。这两个定义其实是从人类利用的角度上，即能量存在形式的转化来定义能量。事实上，从人类社会能源消耗的最终途径来看，能量的确大部分都转化为动力（机械能）和热能，当然也有少量用于光能（电磁能）。

图 1.1 给出了 2020 年中国从能源生产到消费的能量流动全过程，图 1.2 则是 2021 年美国能源系统的能量流动图。可以注意到，尽管两个国家在具体能源结构上有着较明显的不同，但能量的最底层来源和主要转换形式是一致的。能量的最底层来源包括石油、煤炭、天然气、生物质、水能、核能，这些被称为"一次能源"，即自然界中以原有形式存在的、未经加工转换的能量资源，又称天然能源。而应用最广泛的电能属于"二次能源"，它不是直接取自自然界，只能由一次能源加工转换以后得到，因此并不是严格意义上的能源。

按照爱因斯坦的质能关系，能量和质量相互联系。但是我们并不把所有有质量的物质都称作能源，因为**能源的利用依赖于人类可以掌握的转化过程**。例如，人类只是在核能的利用中才开始初窥质量亏损的威力。而作为一个反例，由于正反物质的本征不对称性，利用物质湮灭作为能源在目前看起来并不是一条现实可行的途径。

如果站在宇宙演化的背景下来看，各种"一次能源"之间也是相互联系的，如图 1.3 所示。它们"最终"可以归于大爆炸后物质间的引力。当引力坍塌形成太阳后，聚变能成为恒星的主要能量来源。太阳内的聚变能通过光照进一步转化为地球人类可以利用的化石能源、风能、水能、太阳热能及光能。同时，重核元素的形成为核裂变能及核衰变能（如地热）提供了可能。而潮汐是我们在地球上还可以利用的引力能。因此，一个需要做的明确界定是，我们所关心的能源是在较短的人类文明周期里，可以被人类掌握利用的资源。

认知到能源的利用就是可控制的能量转化过程，就很容易理解不同能源其实对应不同的转化过程，而不同的转化过程决定了不同能源所能提供的能量值，或者更准确地说，储能密度。表 1.1 给出了一些常见储能物质的能量密度。农耕时代，人们只会利用人力畜力、

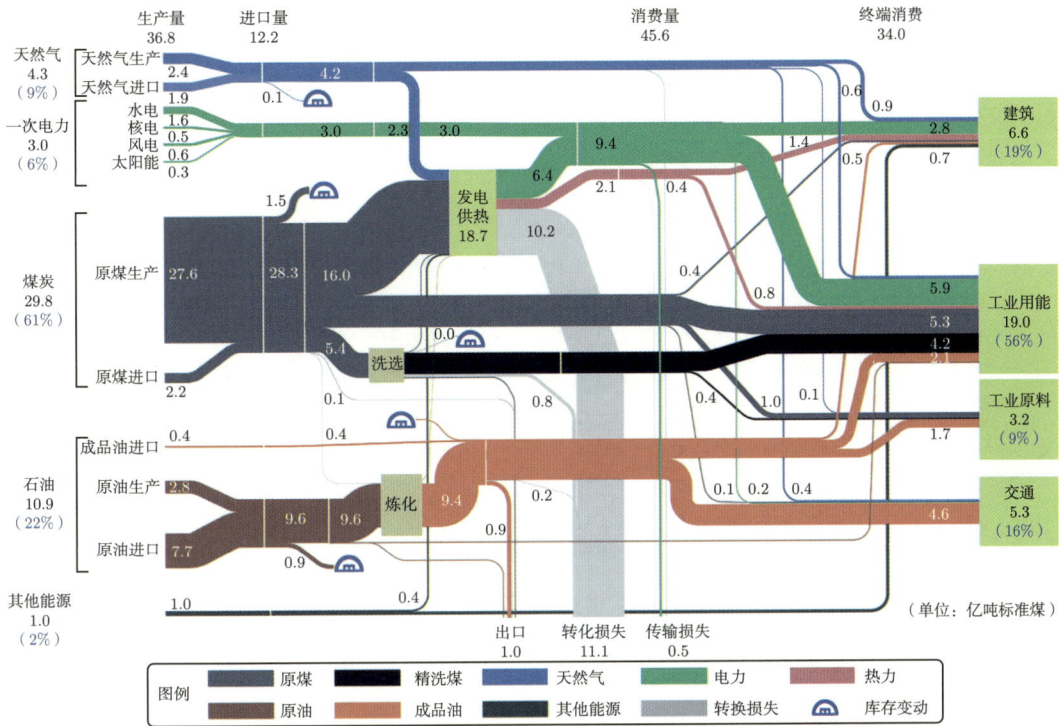

图 1.1　中国 2020 年从能源生产到消费的能量流动全过程

（资料来源：何京东，曹大泉，段晓男，等. 发挥国家战略科技力量作用，为"双碳"目标提供有力科技支撑 [J/OL]. 中国科学院院刊 (202204)[2024-08-27]. DOI:10.16418/j.issn.1000-3045.20220324004. 图 1.）

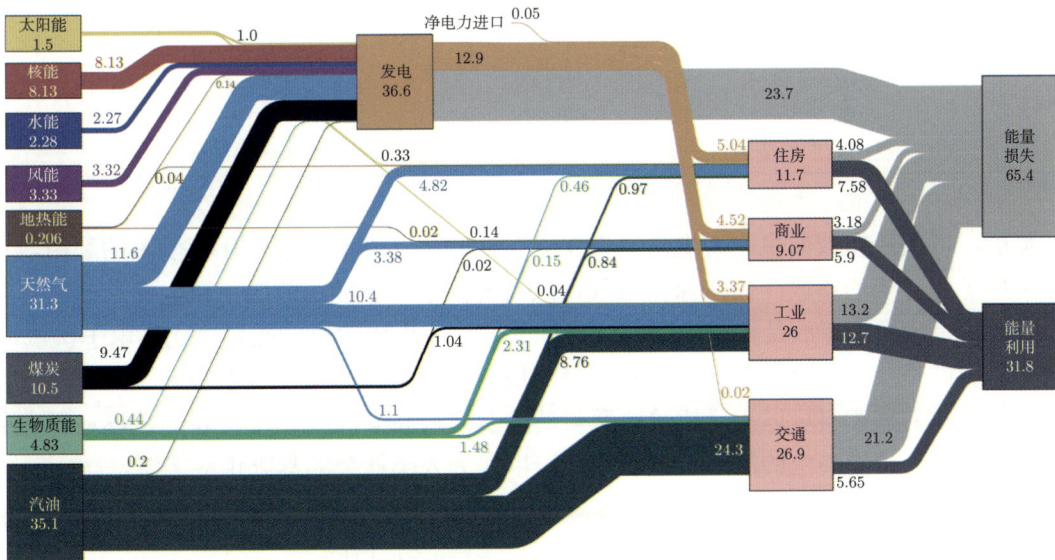

图 1.2　美国 2021 年从能源生产到消费的能量流动全过程

（资料来源：https://flowcharts.llnl.gov.）

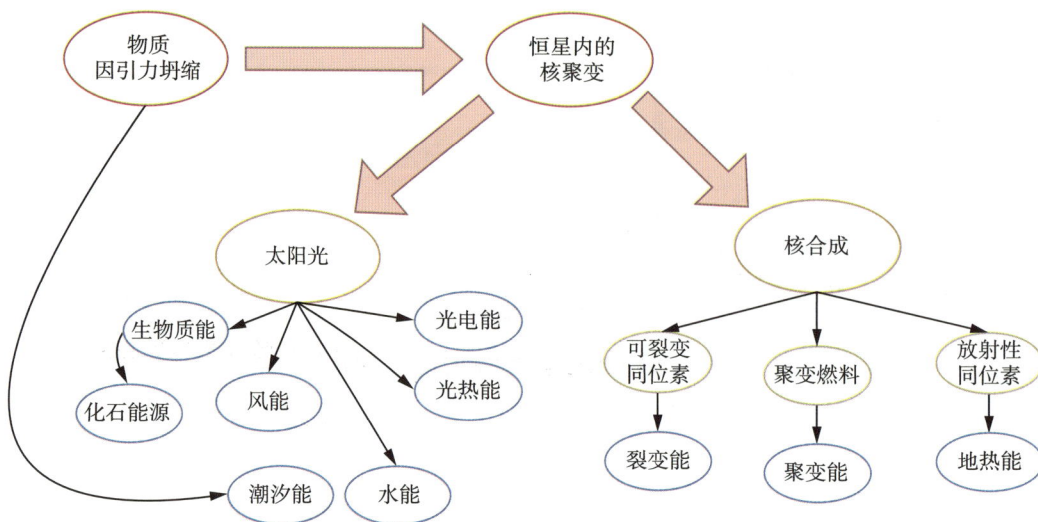

图 1.3   能源所蕴含能量的物理来源

表 1.1   常见储能物质的能量密度

储能物质	单位质量可提供的能量（J/kg）
飞行的物体（340 m/s）	5.8×10^4
提升到 10 m 高度的水	9.8×10^4
TNT 炸药	4.3×10^6
木柴（$+O_2$）	1.2×10^7
煤（$+O_2$）	2.7×10^7
汽油（$+O_2$）	4.2×10^7
天然气（$+O_2$）	5.4×10^7
氢气（$+O_2$）	1.1×10^8
铀-235	8.2×10^{13}
氘 (D-T 聚变)	3.3×10^{14}

水的势能，以及最粗放的生物质燃烧；在工业革命时代，人们通过对化石能源的利用，系统地掌握了化学能的释放；而在原子时代，人们开始掌握核能释放的奥秘。简单的物理知识告诉我们，化学能释放是核外电子结合能的改变，一次化学反应能量转化是电子伏量级；而核能释放的是核子结合能的改变，一次核反应能量转化是兆电子伏量级。因此，很容易理解单位质量的核燃料可以提供比单位质量的化石燃料高 6 个量级的能量。核燃料具有更高的储能密度，是更高效的能源形式，因此可以作为人类社会的基础供应能源。

1.3   多种多样的能源

人类在社会发展中逐渐掌握了多种能源。习惯上，按照技术成熟度，把石油、天然气、煤炭等化石能源和水能称为常规能源，而把太阳能、地热能、风能、潮汐能、生物质能、核能等称为新能源；按照短期内的可再生性，把化石能源称为不可再生能源，而把水能、风能、潮汐能、生物质能等称为可再生能源。更细致地，我们可以进一步考察能源的物理属性（如储能密度、放能效率与速率等）以及能源的社会属性（如资源丰富性、环境友好性、安全性、经济性等），这些属性从不同角度决定了能源的品质。

化石能源，即煤炭、石油、天然气，具有较高的储能密度，在转化为机械能、热能和电能上有非常成熟的技术，因此具有最广泛的应用，是现代社会文明的基础。但大量使用化石能源的缺点也逐渐显现。首先，化石能源是储量有限、短期不可再生的。石油和天然气，乐观地估计，可使用年限在 200 年左右，煤炭则可能达到数百年直至千年，但伴随着易开采化石能源的不断消耗，新的油气资源的开采技术难度和开采成本会不断提升。不过，目前看起来，环境问题是制约化石能源使用的最大因素。不加控制的化石能源燃烧释放的硫化物、氮化物对空气的污染已经在历史上酿成几次环境危机，中国现在面临的雾霾治理问题提醒我们决不可掉以轻心。碳排放在最近十余年成为热点。尽管人类活动的碳排放仅仅是自然界碳排放的 5% 以下，但工业革命以来二氧化碳浓度的显著提升与气温上升的相关性越来越受到重视。如果把环境治理的成本也考虑进来，化石能源的使用成本将变得异常昂贵。此外，化石能源的储存和消费在全球也存在着明显的地域性差别。对于我国而言，能源供给不足但需求不断增长，石油和天然气资源显著不足，以燃煤为主的能源结构会带来严重的环境污染，这是我国能源面临的三大矛盾。要想缓解这一问题，真正做到能源安全，需要积极开发化石能源外的替代能源。

水能（水电） 是一种技术成熟度高、高效低成本、可再生的清洁能源。但水电受到地域、季节的显著影响，因此通常作为基础能源供应的辅助部分存在。此外，对水力资源的过度利用是否会对环境产生潜在影响的问题在最近几十年里日益受到关注。另外一个事实是，世界上水力资源的已开发量占可开发量的比例已经不低。

风能（风电） 也是一种可再生的清洁能源。它在发电技术中成本上接近常规能源，因此产业发展也很迅猛。但是，风力发电同样存在季节性和地域性的特点，技术的限制也对风速窗口提出了苛刻的要求。风力发电同样存在噪声、电磁辐射、生态影响等环境问题，因此适合在相对偏远地区发展。据估算全世界的风能总量约 1300 亿 kW，中国的风能总量约 16 亿 kW。如果可开发风能占 10%，即可以开发 1.6 亿 kW，平均每人大约 0.1 kW 或每天 2.4 kW·h 的能量。由此可见，风能只能起到补充作用，不可能独立解决未来的能源需求。

太阳能 是另一项发展很快的新能源领域。原则上来讲，化石能、水能、风能都来自广义的太阳能（而第 2 章我们将会了解太阳能来自聚变能），狭义的太阳能一般是指太阳光的辐射能量。太阳能技术分为无源 (被动式) 及有源 (主动式) 两种。一个典型的无源应用的例子是在建筑物引入太阳光实现照明，从而在白天无须由外部提供光源。而有源的例子则包括太阳能光伏及光热转换，使用热力或者电力设备对太阳能进行收集。太阳能最大的优点是太阳是个天然的、巨大的能源供应者，但其缺点也很明显，那就是能源的密度非常低。一个简单的测算（思考题 1.2）可以表明完全依赖太阳能满足社会能源需求是不现实的。不过总体而言，太阳能仍是一个拥有巨大潜力的可利用资源。尤其是，随着光伏技术的发展，太阳能发电效率有望进一步提高，成本有望继续降低。太阳能发电在最需要的地域、最需要的时间点（冬天和夜晚）可用性最差，迫切需要通过储能技术和智能能源调配技术来解决。此外，太阳能电池生产和退役过程中的耗能和污染转移问题也开始受到重视。

从大规模、长期、便捷、低成本应用的角度全面考虑，太阳能、风能、潮汐能、地热能等替代能源，可能很难满足社会发展所需的能源需求水平。此外，对于替代能源而言，大规模应用下可能带来的潜在的、未知的环境或污染问题仍然存在。因此这些替代能源将会成为未来能源供应体系中非常重要的组成部分，但很难单独作为基础供应能源存在。

作为对比，作为新能源的一种，**核能**无疑是极其高效（高储能密度）的能源，单位质量核燃料提供的能量是化石能源的百万倍。就目前成熟的裂变核能电站而言，一个 1000 MW 的电站一年所需要燃料约为 40 t 低浓缩铀，而同样规模的火电站则需要约 300 万 t 煤，同样规模的光伏电站需要约 100 km² 电池板（不考虑昼夜波动带来的电网消纳问题）。同时，核电站是清洁的能源，没有直接的二氧化碳排放。因此核电完全可以作为基础供应能源，对于一个大国而言更是如此。当然，裂变核能并不是可再生能源。目前，全球探明的铀储量大致为 500 万 t。如果只使用热中子堆技术，则铀的总储量可以使用大约 80 年。而采用快堆技术，使铀的使用从 0.7% 增加到 30%～40%，从而可以使得裂变核能的利用提高到千年量级。

但必须承认的是，国际核电的发展目前进入一个相对瓶颈的时期。尽管中国等发展中国家开始大力发展核电，但欧美等发达国家则对核电持保守态度，有些国家甚至有明确放弃核电的计划。安全是反核人士反核电的唯一理由，这个观点往往容易被公众接受。从技术上来讲，裂变核能所面临的安全问题主要有两类，一是事故停堆的危险，二是核废料处理。从原理上，裂变反应停止后，裂变产物衰变放出大量热量。如果停堆后冷却系统失效，则可能造成一系列后果，诸如慢化水氢解、容器爆炸，甚至燃料熔化等。但在新的反应堆设计中，通过非能动、燃料安全包覆、更大安全冗余等措施，已经极大地降低了该类事故的发生概率。此外，裂变产物基本上都是放射性的，半衰期从秒到数万年甚至更长，总体而言，需要大约一万年降低到天然铀的放射水平。考虑到在反应堆关机后，裂变产物的放射性会继续放出大量的热量，并持续很长的时间，因此对核废料的处理需要非常小心。目前，核废料大都储存在核电站附近，需要有更进一步的处置措施，这个问题在技术上并不存在原则性困难。实际上，核电的安全问题更多的是一种恐慌意识，并在某些场合下转化为政治问题，使得核电的安全问题和公众接受度成为一件错综复杂的事情。核电安全冗余不断提高导致核电站造价不断上涨，核电经济性受到极大影响。高技术门槛和高造价门槛，使得核电在发展中国家的发展受到了极大的制约。

最后，让我们回到**聚变能源**。从能量转化的角度，除非反物质湮灭、暗能量利用、曲率驱动具备现实可能性，聚变可以说是目前人类可能利用的终极能源：聚变能作为核能利用的一种方式，具有高效低碳的特点；与极高的储能密度相联系，聚变能量的燃料储备的充足性也不成问题。如果实现了氘氘聚变，海水中的氘足够我们使用千亿年。即使只实现了氘氚反应，氚需要由中子和锂反应产生，地球上的锂也够我们使用亿年。考虑得更长远一点，如果人类要进行星际旅行，聚变能可能是唯一可行的能源。在本书的后续章节中，我们还会陆续看到聚变具有本征的安全性、环境友好性等理想能源的特点。但是，聚变能源面临的最大问题是它还处于开发研究阶段，目前已经基本完成科学可行性验证，正在为开展工程可行性验证进行努力。因此，从本章前面的观点来看，我们还不能称聚变能为严格意义上的能源，还需要对聚变能进行更深入的了解和掌握。

思考题

1.1 通过调研，分析主要能源（煤/石油/天然气/光伏/水电/风电/核电）的全周期碳排放系数，并尝试从其碳排放的来源分析如何降低各种能源的碳排放。

1.2 在地球表面，太阳直射时每平方米辐射功率约为 1400 W，请：

（1）考虑太阳每天的照射时间、角度、天气因素、转换效率，估计一个合理的太阳能的使用效率；

（2）按照目前每人每天消耗 52 kW·h 能量计算，估算每人需要多大面积的太阳能提供才能满足要求。

1.3 假设可以实现氘氘聚变，估算海水中的氘可以提供的聚变能量。

太阳中的聚变

聚变研究常常被冠以"人造太阳"的说法，那么太阳中的聚变又是怎样的呢？本章将从科学史出发，介绍人们是如何逐步认识到聚变是太阳能量来源的历程，进而简要介绍太阳中的聚变反应过程和反应条件。在充分感受科学进步在能源发展中的重要意义的同时，初步感受聚变研究中的关键物理原理及其实现困难所在。

2.1 太阳中的能量从何而来

当人们提到聚变研究时，总喜欢用"人造太阳"来形容，这是因为大家已经熟知太阳的能量来自核聚变。然而，回顾历史，这个认识的过程并不是一帆风顺的，其历程可以给我们以丰富的启示。

19 世纪，热力学的发展使得能量守恒的概念深入人心。太阳一直持续释放光和热，它的能量究竟来自哪里呢？不需要太丰富的想象力，人们首先会猜想太阳是不是一个燃烧的大煤球。但是经过简单计算就可以知道，如果太阳真是一个大煤球的话，它在几千年内就全部烧掉了。这远远低于当时科学界对地球年龄的判断。当时最杰出的物理学家之一威廉·汤姆孙（William Thomson，即开尔文勋爵）假设地球从初始融化状态冷却到目前的温度，估算出地球的寿命大约是几千万年。根据大家的认识，太阳和地球应该具有相同的来源，因此应该有着接近的年龄，只能燃烧几千年的"太阳"显然是不可能的。

"煤球假说"被抛弃后，科学家又在 19 世纪中叶提出了"陨星假说"和"引力假说"。"陨星假说"非常直接，把太阳的能量来源归于太阳上不断有陨星的坠落撞击。显然，必须有足够巨大的陨星坠落才能弥补太阳释放的巨大能量，但没有任何证据观测到太阳质量增大带来的行星轨道的改变，"陨星假说"很快也被排除了。相比而言，"引力假说"就显得颇具吸引力，它把太阳能量来源归结于太阳自身持续的引力收缩。计算表明，太阳要维持光度，只需要每年收缩几十米即可。这样的收缩相对于太阳目前的直径（约为 140 万 km）是微不足道的。而且更重要的是，这样的收缩可以维持几千万年。这恰好和汤姆孙对地球年龄的估计相吻合。

然而，1896 年，贝克勒尔（Henri Becquerel）发现了天然放射性现象。20 世纪初，卢瑟福（Ernest Rutherford）认识到地球并不是一直冷却的行星，事实上放射性为地球提供了一个持续的内部热源，因此汤姆孙对地球年龄的估计是严重偏短的。修正后的估计是地球至少已经存在几十亿年。这与进化论对地球年龄的估计相符，也和后来更精确地利用放射性核素对地球年龄的估计相吻合。这一点宣判了曾经风靡一时的"引力假说"的死刑。那么太阳的能量到底来自哪里呢？人们需要寻求新的物理原理。

历史把这个机会给了英国著名天体物理学家爱丁顿（Arthur Stanley Eddington）。1905年，爱因斯坦（Albert Einstein）提出了领先时代的物理原理——狭义相对论，并从狭义相对论出发，得到质能关系 $E = mc^2$，将质量和能量联系了起来。但人们并没有立刻把这个关系和太阳联系起来，因为人们还缺乏足够精确的测量原子质量的工具。直到 1919 年，英国科学家阿斯顿（Francis William Aston）发明了可用于科学测量的质谱仪。利用质谱仪，阿斯顿发现了两百多种同位素，并提出了原子质量的整数法则，即所有元素的原子质量都接近氢原子质量的整数倍，并由此获得了诺贝尔化学奖。需要特别指出的是，阿斯顿质谱仪的精度极高，可达到原子质量的 1/1000。正是依据这样的精度，1920 年，阿斯顿发现 He 原子质量并不是 H 原子质量的严格 4 倍，而是 3.97 倍。这一点点偏差立刻被爱丁顿敏锐地捕捉到。爱丁顿可以说是爱因斯坦的忠实拥趸，大家熟知的爱丁顿利用光线的引力偏折效应验证广义相对论发生在 1919 年。1920 年，爱丁顿又基于爱因斯坦的质能关系 $E = mc^2$ 提出了太阳能源的质能转换假说："如果一个恒星的初始质量的 5% 由氢组成，而这些氢逐渐结合成更复杂的元素，释放出的总热量超过我们的期望，那么我们就不需要进一步寻求这个星球能量的来源""太阳可以把氢转化成氦，释放出与其 0.7% 质量等价的能量。原则上，这个过程能让太阳照耀一千亿年。"

应该说，爱丁顿的假说在当时是相当大胆的。事实上，几乎在同时，赫赫有名的物理学家卢瑟福（Ernest Rutherford）利用打靶方法实现了人工核嬗变。1932 年，卢瑟福的学生奥利芬特（Mark Oliphant）在实验室实现首次人工 D-D 核聚变反应。但在 1933 年，在海森堡（W. Heisenberg）记录的他与玻尔（N. Bohr）及卢瑟福的一次关于是否有可能利用原子核产生能量的对话中，卢瑟福还坚持"那些试图从原子转换中获取能量的人无疑是在白日做梦"。另外，尽管氦元素的确首先从太阳光谱中被发现（He 的名称来自希腊语的太阳神 Helios），但氦和氢在太阳中占绝大部分（H 占 71% 质量，H 占 27% 质量）的事实是在 1925 年才由英国女科学家佩恩（Cecilia Payne-Gaposchkin）研究发现。更关键的是，由于缺乏对核世界的深入了解，爱丁顿完全无法给出所谓的"聚变反应"的细节。很快一个致命的挑战就被提了出来，那就是太阳的温度问题。

爱丁顿的假说需要质子聚合成氦核，而两个质子只有在他们足够靠近时才有可能发生反应。虽然核力的奥秘要在十几年后才能被揭晓，但在此之前，两个质子需要克服库仑势垒才能靠近到核力有效的半径以内。假设氢核半径为 1.5×10^{-15} m，则两个核靠近需克服的库仑势垒高度约为 0.5 MeV，如图 2.1 所示的尖峰。如果这个能量由太阳温度所代表的随机动能提供，即 1 eV = 11600 K，那就意味着太阳要有几十亿度的高温。

人们可以根据辐射强度估算出太阳表面的温度，然后假设太阳芯部的热源通过对流及辐射向外传热，进而估算出太阳芯部的温度。爱丁顿当时的估计为 4000 万 K，而我们目前知道太阳芯部温度约为 1400 万 K。尽管爱丁顿已经高估了太阳芯部温度，但仍距离几十亿度有两个量级的差别。

爱丁顿的假说似乎也被逼上了绝路，但峰回路转的是，20 世纪 30 年代前后一系列量子力学和核物理的成就成功地把爱丁顿的聚变假说挽救了。首先，量子力学指出，即使反应物相对能量（在热平衡下，可以用温度表示）小于库仑势垒高度，也有一定概率发生相当数量的反应，这被称为量子力学中的隧穿效应，如图 2.1 所示。1928 年，伽莫夫（George Gamow）计算了聚变反应中的量子隧穿效应，他指出当能量 w 小于势垒高度时，由于隧穿效应的截面为

$$\sigma(w) = \frac{C_0}{w} \exp\left[-\frac{\pi M^{1/2} Z_1 Z_2 e^2}{2^{1/2} \varepsilon_0 h w^{1/2}}\right]$$

式中，C_0 是由实验决定的参数；Z_1、Z_2 为两种粒子的电荷数；M 为约化质量。

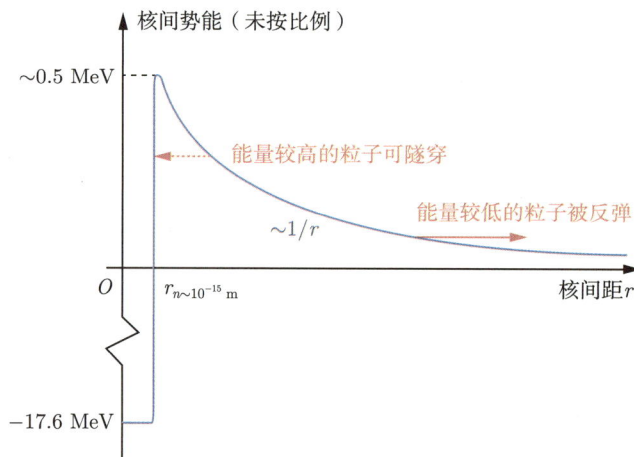

图 2.1　氢原子核间作用力示意图

此后，1932 年，查德威克（James Chadwick）发现中子，搞清楚了核子世界的组成奥秘。1934 年，费米（Enrico Fermi）提出弱相互作用理论，可以解释核反应中质子和中子的相互转化。1935 年，汤川秀树（Yukawa Hideki）提出核子的介子理论，描述了核尺度上的强相互作用，为核反应中的融合过程提供了基础。

在这一系列杰出成就的助攻下，1939 年，贝特（Hans Bethe）成为最后的集大成者，他成功地揭示了太阳以及其他恒星中的核反应链，对恒星的能量产生机制进行了完整的阐述。贝特的理论不仅成功地和当时的观测吻合，而且和之后中微子等观测相符，得到了科学界的认可，最终解决了太阳的能量来源之谜。1967 年，贝特因为此项成就获得诺贝尔物理学奖。

2.2　太阳中的聚变反应

在描述太阳和恒星中的聚变反应之前，我们将质量亏损的概念再明确一下，因为它是整个核能（包括聚变能和裂变能）利用的基础。

原子核由质子和中子组成。组成某种核素原子核的质子和中子质量和与该原子核质量的差，称为质量亏损：

$$\Delta m(Z, A) = Zm_{\mathrm{p}} + (A - Z)m_{\mathrm{n}} - m(Z, A) \tag{2.1}$$

实验发现，除了氕原子核（即质子）外，所有原子核都有正的质量亏损。根据爱因斯坦的质能关系，这部分质量对应的能量称为结合能，有

$$B(Z, A) = \Delta m(Z, A)c^2 \tag{2.2}$$

进一步，原子核中平均每个核子对结合能的贡献称为比结合能，有

$$e = B/A \tag{2.3}$$

比结合能曲线如图 2.2 所示。因为中等质量的核具有最高的比结合能，因此当轻的核素合并为更重的核素或者重核素分裂成轻核素时，能量被释放，前者称为聚变，后者称为裂变。从结合能曲线还可以看到，其随质量数的变换不是单调的，而是在 ^{4}He、^{12}C 等核素处具有局部极大的比结合能，因此预期这些核素具有更稳定的性质。这一点在太阳和恒星中的聚变反应中有着重要的意义。

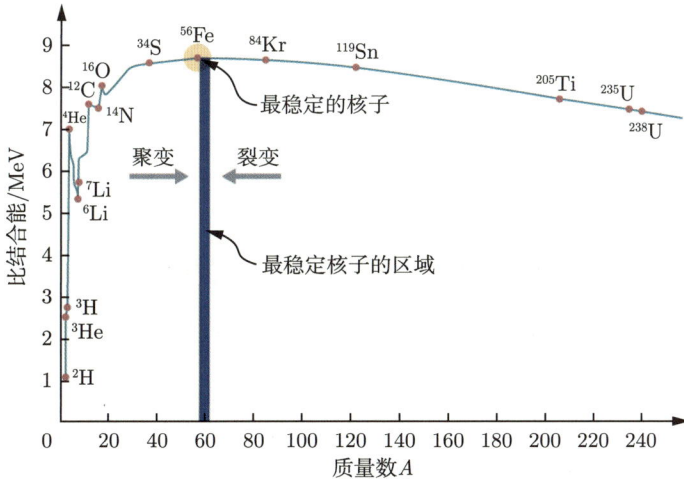

图 2.2　比结合能曲线

在贝特的理论中，太阳中的聚变反应主要包含三条反应链，如图 2.3 所示。其中第一条反应链 ppI 最主要，占 85% 的份额，它包括以下三个反应：

（1）ppI(a)：两个质子结合生成氘核；

（2）ppI(b)：氘核和质子结合生成 ^{3}He 核；

（3）ppI(c)：两个 ^{3}He 核合成更重也更稳定的 ^{4}He 核，并产生 2 个质子。

ppI：（85%）
（a）$p+p \longrightarrow D+e^+ + \nu_e$
（b）$D+p \longrightarrow {}^3He + \gamma$
（c）${}^3He + {}^3He \longrightarrow \alpha + 2p$

ppII：（替代ppIc）
（a）${}^3He + \alpha \longrightarrow {}^7Be + \gamma$
（b）${}^7Be + e^- \longrightarrow {}^7Li + \nu_e$
（c）${}^7Li + p \longrightarrow 2\alpha$

ppIII：（替代ppIIb）
（a）${}^7Be + p \longrightarrow {}^8B + \gamma$
（b）${}^8B \longrightarrow {}^8Be^* + e^+ + \nu_e$
（c）${}^8Be^* \longrightarrow 2\alpha$

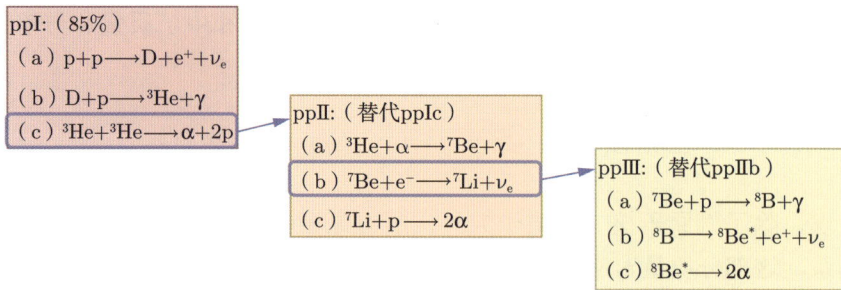

图 2.3　太阳反应链

三个反应总的效果是 4 个质子合成一个 ${}^4He$ 核，亏损 26.7 MeV 的质量。

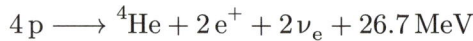

$$4p \longrightarrow {}^4He + 2e^+ + 2\nu_e + 26.7\,MeV$$

在第一个反应 ppI(a) 中，弱相互作用起到关键作用，它导致一个质子向一个中子的嬗变。这一过程被称为反应头，在温度 700 万 K 就可以开始，这大大降低了对太阳温度的要求；但它又非常缓慢，决定了整个反应链的速度——在太阳内部的千万温度下，反应率系数仅为 $2 \times 10^{-49}\,m^3 \cdot s^{-1}$，即使在太阳内部粒子密度达到 $10^{32}\,m^{-3}$，每个质子在每秒钟所发生的反应数仅为 2×10^{-17} 次（详见 3.2 节）。因此两个质子真正聚合到一起要花费数亿年的时间。但这一点对太阳系也是幸运的，它确保了太阳可以维持百亿年的寿命。该反应另一个关键点在于，为了维持电荷守恒和能量守恒，反应产物除了 D 核外，还包含正电子和中微子。中微子只参与弱相互作用，因此有超强的穿透能力，成为观测太阳活动、验证太阳模型的有力工具。

上述 pp 链只是 $4p \to {}^4He$ 反应中的一种链，称 ppI。当温度超过 10^7 K 后，下面两个反应链（ppII, ppIII）逐渐占上风。这两个反应链总的效果仍然是 4 个质子合成一个 ${}^4He$ 核，但除了 ${}^3He$ 外，${}^7Be$、${}^7Li$、${}^8B$ 等更重的核素在反应过程中不断被合成（尽管这些核素在整个 $4p \to {}^4He$ 反应中仅作为催化剂存在）。

在太阳和与之相当大小的恒星中，上述反应链起主导地位。但贝特还指出，在更大质量的恒星上，聚变反应链则以下列方式存在：

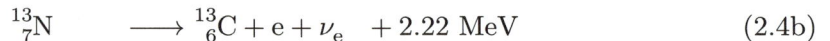

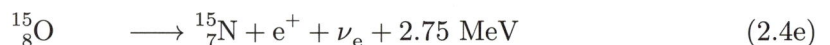

$${}^{12}_{6}C + {}^{1}_{1}H \longrightarrow {}^{13}_{7}N + \gamma \qquad + 1.95\,MeV \tag{2.4a}$$

$${}^{13}_{7}N \longrightarrow {}^{13}_{6}C + e + \nu_e \quad + 2.22\,MeV \tag{2.4b}$$

$${}^{13}_{6}C + {}^{1}_{1}H \longrightarrow {}^{14}_{7}N + \gamma \qquad + 7.54\,MeV \tag{2.4c}$$

$${}^{14}_{7}N + {}^{1}_{1}H \longrightarrow {}^{15}_{8}O + \gamma \qquad + 7.35\,MeV \tag{2.4d}$$

$${}^{15}_{8}O \longrightarrow {}^{15}_{7}N + e^+ + \nu_e + 2.75\,MeV \tag{2.4e}$$

$${}^{15}_{7}N + {}^{1}_{1}H \longrightarrow {}^{12}_{6}C + {}^{4}_{2}He \qquad + 4.96\,MeV \tag{2.4f}$$

这个循环被称为 CNO（碳、氮、氧）循环，或简称碳循环。它在把 4 个质子合成一个氦核的同时，合成了更重的核素。

当然在更苛刻的条件下，类似的聚变反应链还可以继续向更重的元素发生，当氢消耗完后，氦核的聚变产生碳核，碳的进一步燃烧生成氖、镁、硅等。每当燃料燃烧殆尽时，引力会再次占据主导压缩恒星，以达到进一步聚变反应所需的更高温的条件。由于恒星质量的不同，聚变反应的终点并不相同。对于大型恒星而言，聚变反应最终可以生成比结合能最低的铁、镍等元素。比铁、镍更重的元素的生成则与聚变无直接关系，它们被认为是超新星爆发导致重元素进一步吸收高能中子的产物。至此，聚变在宇宙中的演化到此为止，它是太阳等恒星释放能量的来源，也是除质子之外其他元素形成的主要途径。至于最开始的质子或者最开始的能量来自何处，就不是本书探讨的内容了。

2.3　太阳聚变的实现条件

按照目前的理解，宇宙起源于大爆炸，大爆炸产生初始质量。尽管引力是一种很弱的力，但在非常巨大的质量下，原始火球的引力收缩致使其温度升高，密度增大，内部压力增大，一直到向内的引力与向外膨胀的热压力平衡为止。因此成为恒星的条件就是要有足够大的质量 (见思考题 2.3)。以太阳为例，其质量为 2×10^{30} kg，约为地球质量的 30 万倍（作为对比，太阳体积是地球的百万倍，因此太阳密度比地球小得多）。真正意义上的恒星具有和太阳可比、其数倍、数十倍甚至百倍的质量。恒星的下限是质量介于太阳质量的 8%~80% 的红矮星。红矮星只能发出微弱的辐射光，其引力只能引起氘聚变，不能进行后续的氢燃烧，因此不会有恒星后期典型的演化行为。质量更低的褐矮星只能发生氘聚变，通常不能称为恒星。

最后我们再指出一点，太阳实际上是个低功率密度的"能源"，源自极低的反应率系数，其芯部功率密度仅为 270 W/m³，整体功率密度只有 0.01 W/m³，这和商业电站的功率密度（MW/m³）不能相比。

因此，太阳的故事告诉我们核聚变可以提供能量，而事实上，地球上的大部分能源都来自太阳的能量。但无论从反应时间、反应条件还是从反应功率密度看，太阳中的聚变反应不能直接在地球上实现，我们需要寻找地球上可用的聚变反应。

思考题

2.1　结合本讲中给出的数据，验证在适于质子-质子聚变反应的条件下 $(T > 10^7 \text{ K})$，一对质子发生反应的时间为 10^9 年量级。

2.2　天文观测表明太阳辐射的总功率（太阳的光度）为 3.845×10^{26} W，如果这些辐射能量均来自质子-质子循环（不考虑 CNO 循环），那么太阳现有的质量（假设全为质子）还可以维持多少年？

2.3　利用氢聚变的引力约束条件，估计恒星质量的下限。

参考文献

[1] 卢昌海. 太阳的故事 [M]. 北京: 清华大学出版社, 2011.

[2] MCCRACKEN G, STOTT P. Fusion: the energy of the universe[M]. New York: Academic Press, 2013.
（加里·麦克拉肯, 彼得·斯托特. 宇宙能源——聚变 [M]. 迟文成, 译. 北京: 原子能出版社, 2008.）

可用的受控聚变反应

地球上以能源利用为目标的受控核聚变与太阳上的聚变反应不同。本章将介绍多种可能应用的聚变反应，重点关注不同聚变反应的特征，包括反应物的天然性和放射性、产物的放射性和电性、反应截面和反应率系数、反应产能等，初步理解不同聚变反应的选择对聚变电站结构及聚变条件要求的影响。

3.1 聚变反应的一般性讨论

太阳聚变的核心反应是质子-质子反应，由弱相互作用主导，决定了其慢过程、低功率密度的特点。因此，地球上的受控核聚变需要新的聚变反应，这些反应只涉及质子和中子重新分布。考虑聚变发生的条件和聚变反应的产能效率（即比结合能曲线的斜率），最有效的聚变反应当然从中子、质子及较轻的同位素开始，因此可以从三个方向来考虑：

（1）从中子出发的聚变反应是否是可用的？

（2）从质子出发的聚变反应是否是可用的？

（3）从氘或更重的元素出发的聚变反应是否是可用的？

首先考虑有无可能实现从中子出发的聚变反应。我们知道裂变反应正是从中子出发，例如

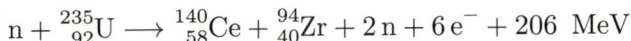

$$n + {}^{235}_{92}U \longrightarrow {}^{140}_{58}Ce + {}^{94}_{40}Zr + 2\,n + 6\,e^- + 206\ MeV$$

裂变反应能够方便地转变成实用能源，原因有两个：① 触发裂变反应只需要一个中子，而反应产物中则包含两个中子，因此中子增殖使反应可自持；② 中子的电中性使得它可以轻易地穿过原子周围的电子云从而近距离接触到原子核本身，因此燃料可以低温固体形式存在。如果中子和轻的核子反应怎么样呢？以中子和氘核为例，在 Freidberg 书[2] 中，考虑了两种假设性的核反应：

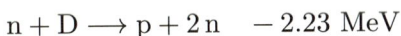

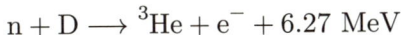

$$n + D \longrightarrow p + 2\,n \quad -2.23\ MeV$$

$$n + D \longrightarrow {}^3He + e^- + 6.27\ MeV$$

前者产生了所希望的中子增殖，但它是吸热反应，不能作为能源；而后者属于放能反应，但中子不能保持增殖，无法自持，需要额外的机制不断产生中子，因此也不能作为用于聚变

能源的独立反应式。所有中子-轻核反应都具有这两个特征,因此中子-轻核反应不是现实的能源产生途径。

质子与比质子重的原子核发生反应是一条可行的途径。实际上太阳中 ppI 的第二步就是 p 和 D 的反应。考虑到反应截面的大小,有现实意义的反应(反应截面 > 0.1 b,见 3.2 节)主要有以下几个:

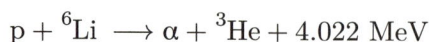

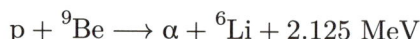

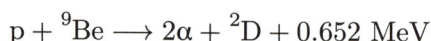

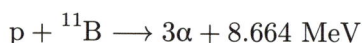

$$p + {}^6\text{Li} \longrightarrow \alpha + {}^3\text{He} + 4.022 \text{ MeV}$$

$$p + {}^9\text{Be} \longrightarrow \alpha + {}^6\text{Li} + 2.125 \text{ MeV}$$

$$p + {}^9\text{Be} \longrightarrow 2\alpha + {}^2\text{D} + 0.652 \text{ MeV}$$

$$p + {}^{11}\text{B} \longrightarrow 3\alpha + 8.664 \text{ MeV}$$

从更重一点的 D 出发的聚变反应当然也是可行的,有现实意义的反应主要有:

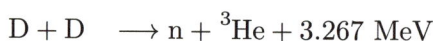

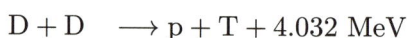

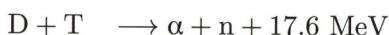

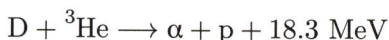

$$D + D \longrightarrow n + {}^3\text{He} + 3.267 \text{ MeV}$$

$$D + D \longrightarrow p + T + 4.032 \text{ MeV}$$

$$D + T \longrightarrow \alpha + n + 17.6 \text{ MeV}$$

$$D + {}^3\text{He} \longrightarrow \alpha + p + 18.3 \text{ MeV}$$

当然也可以考虑更重的元素,比如从 He 出发的聚变反应:

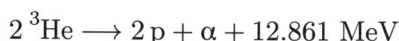

$$2\,{}^3\text{He} \longrightarrow 2\,p + \alpha + 12.861 \text{ MeV}$$

$$3\alpha \longrightarrow {}^{12}\text{C} \quad + 7.33 \text{ MeV}$$

甚至可以考虑 Si 和 He 的反应(可以理解为"燃烧石头"):

$${}^{28}\text{Si} + 7\alpha \longrightarrow {}^{56}\text{Ni} + 49.79 \text{ MeV}$$

这些反应其实都是宇宙演化中 Fe、Ni 之前中等质量元素的合成过程。

3.2 聚变反应截面与反应率系数

3.2.1 反应截面与反应率系数

反应截面(cross section)是对反应发生概率的定量描述。假设一个简单的图像,强度为 I 的粒子束入射到横截面 S 的靶上,则单位时间打到靶上的粒子数为 $N = IS$;靶的粒子数密度为 n,靶的厚度为 h(h 是如此小以至于靶上的各粒子不会互相遮蔽),这样入射粒子将看到全部 nSh 个靶粒子。假设每个靶粒子有一个截面 σ,凡落入这个范围的入射粒子与靶粒子发生反应。如果单位时间发生了 ΔN 个反应，则反应概率为：$\dfrac{\Delta N}{N} = \dfrac{\sigma}{S} n S h$，

或者 $\sigma = \dfrac{\Delta N}{N n h}$，即

$$\sigma = \frac{\text{发生反应数}}{\text{入射粒子数} \times \text{单位面积靶粒子数}} \tag{3.1}$$

因此反应截面唯象地描述了入射粒子和靶核发生反应的概率。

$\boxed{\sigma}$ 反应截面

截面具有面积的量纲，最容易理解的截面图像是硬球的碰撞截面，如图 3.1 所示，即以两个碰撞球体半径之和为半径的圆面积。核反应截面的典型单位为靶（Barn，符号为 "b"），即 10^{-28} m^2，约为原子核的几何尺寸。

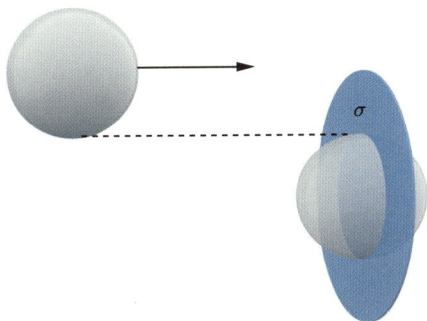

图 3.1　硬球模型下截面的示意图

不过截面的实际行为要复杂得多，图 3.2 是量子力学修正后的聚变反应截面形状。灰线的左侧表示伽莫夫（Gamow）计算的量子隧穿效应，和黑线表示的硬球模型不同，反应不再需要明确的能量阈值（图中的 $\varepsilon_{\mathrm{crit}}$）；如果存在共振效应，则反应截面还可以高于伽莫夫的计算结果。灰线的右侧为库仑散射修正，其物理含义是当相对速度很大时，相互作用时间迅速减小，因此反应截面也随之减小。

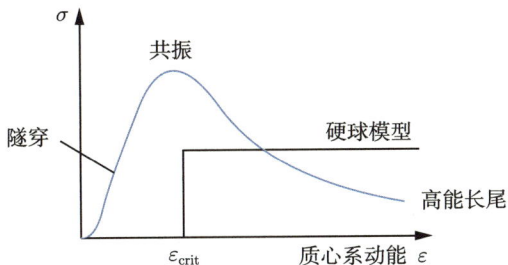

图 3.2　量子力学修正后的核反应截面与硬球模型下反应截面的比较

现在考虑入射粒子数（或者等效地，入射粒子通量）随入射距离的变化。假设发生碰撞的粒子就损失掉了，那么在根据 $h = \mathrm{d}x$ 距离上损失掉粒子的比率可列方程

$$\frac{\mathrm{d}I}{I} = -n\sigma \mathrm{d}x \tag{3.2}$$

因此

$$I = I_0 \exp(-n\sigma x) \equiv I_0 \exp(-x/\lambda_{\mathrm{m}}) \tag{3.3}$$

若把这看成入射粒子在介质中穿透距离的概率密度函数，那该指数分布的期望值

$$\lambda_{\mathrm{m}} = \frac{1}{n\sigma} \tag{3.4}$$

就可以理解为一个入射粒子在发生碰撞前的平均前行距离，即平均自由程。

进一步，从平均自由程可以容易获得碰撞频率，即单位时间内一个入射粒子遭遇的碰撞数，即碰撞前平均飞行时间的倒数

$$\nu_{\mathrm{c}} = \frac{1}{\tau_{\mathrm{c}}} = \frac{v}{\lambda_{\mathrm{m}}} = n\sigma v \tag{3.5}$$

碰撞频率衡量了单位时间内一个入射粒子遭遇的碰撞数。将其与入射粒子密度 n_1 相乘，即得到单位时间单位体积内碰撞反应的总数

$$R = n_1 n\sigma v \tag{3.6}$$

这个量被称为反应速率或者反应率。反应率正比于入射粒子和靶粒子的密度 n_1 和 n，这是很容易理解的，因此我们把剩余的 σv 称为反应率系数（reactivity）。反应率系数表征了两种粒子的反应性。

最后，在考虑两种燃料粒子存在速度分布的情况下，用 $\langle \sigma v \rangle$ 表示反应率系数对分布函数的加权平均

$$\langle \sigma v \rangle = \frac{1}{n_1 n_2} \int f_1(\boldsymbol{v}_1) f_2(\boldsymbol{v}_2) \sigma(v) v \mathrm{d}\boldsymbol{v}_1 \mathrm{d}\boldsymbol{v}_2 \tag{3.7}$$

式中，$f_1(\boldsymbol{v}_1), f_2(\boldsymbol{v}_2)$ 是两种粒子的分布函数；$v = |\boldsymbol{v}_1 - \boldsymbol{v}_2|$ 为其相对速度大小。

*

下面详细介绍热平衡反应率系数的推导过程。在两种反应粒子皆为热平衡（麦克斯韦分布）且温度相等的情况下，其分布函数为

$$f_j(\boldsymbol{v}_j) = n_j \left(\frac{m_j}{2\pi T}\right)^{3/2} \exp\left(-\frac{mv_j^2}{2T}\right) \tag{3.8}$$

此处温度 T 的量纲为能量，即相当于普通 SI 单位的温度加入了玻耳兹曼常数：$k_{\mathrm{B}}T \to T$。将两种粒子分布函数代入反应率系数的定义式 (3.7)，可得

$$
\begin{aligned}
\langle \sigma v \rangle &= \frac{1}{n_1 n_2} \iint \mathrm{d}\boldsymbol{v}_1 \mathrm{d}\boldsymbol{v}_2 f_1(\boldsymbol{v}_1) f_2(\boldsymbol{v}_2) \sigma(v) v \\
&= \frac{(m_1 m_2)^{3/2}}{(2\pi T)^3} \iint \mathrm{d}\boldsymbol{v}_1 \mathrm{d}\boldsymbol{v}_2 \exp\left(-\frac{m_1 v_1^2 + m_2 v_2^2}{2T}\right) \sigma(v) v
\end{aligned} \tag{3.9}
$$

为了化简这个表达式，从 $\boldsymbol{v}_1, \boldsymbol{v}_2$ 变换到质心速度 $\boldsymbol{v}_{\mathrm{c}}$ 和相对速度 $\boldsymbol{v}$：

$$\boldsymbol{v}_{\mathrm{c}} = (m_1 \boldsymbol{v}_1 + m_2 \boldsymbol{v}_2)/(m_1 + m_2) \tag{3.10}$$

$$\boldsymbol{v} = \boldsymbol{v}_1 - \boldsymbol{v}_2 \tag{3.11}$$

该变换的雅可比（Jacobi）行列式为

$$\mathrm{d}\boldsymbol{v}_{\mathrm{c}}\mathrm{d}\boldsymbol{v} = \left| \frac{\partial\left(\boldsymbol{v}_{\mathrm{c}}, \boldsymbol{v}\right)}{\partial\left(\boldsymbol{v}_1, \boldsymbol{v}_2\right)} \right| \mathrm{d}\boldsymbol{v}_1 \mathrm{d}\boldsymbol{v}_2 = \left\| \begin{array}{cc} \dfrac{m_1}{m_1 + m_2} & \dfrac{m_2}{m_1 + m_2} \\ 1 & -1 \end{array} \right\| \mathrm{d}\boldsymbol{v}_1 \mathrm{d}\boldsymbol{v}_2$$

$$= 1 \times \mathrm{d}\boldsymbol{v}_1 \mathrm{d}\boldsymbol{v}_2 \tag{3.12}$$

可见，该变换是等价的。

　　再引入一个重要的概念：两粒子的质心系动能 ε（center-of-mass energy）。顾名思义，它是在质心坐标系下二粒子的动能，反映二者相对运动的能量（故有时也被称作相对动能），等于二者的总动能减去质心的动能，即

<code>ε</code>
质
心
系
动
能

$$\begin{aligned} \varepsilon &= \frac{1}{2}m_1 v_1^2 + \frac{1}{2}m_2 v_2^2 - \frac{1}{2}\left(m_1 + m_2\right) v_{\mathrm{c}}^2 \\ &= \frac{1}{2}\frac{m_1 m_2}{m_1 + m_2}\left(\boldsymbol{v}_1 - \boldsymbol{v}_2\right)^2 \\ &= \frac{1}{2}m_{\mathrm{r}} v^2 \end{aligned} \tag{3.13}$$

式中，m_{r} 是约化质量，定义为

<code>m_r</code>
约
化
质
量

$$m_{\mathrm{r}} = \frac{m_1 m_2}{m_1 + m_2} \tag{3.14}$$

所以式 (3.9) 可化简为

$$\langle \sigma v \rangle = \frac{(m_1 m_2)^{3/2}}{(2\pi T)^3} \iint \mathrm{d}\boldsymbol{v}_{\mathrm{c}}\mathrm{d}\boldsymbol{v} \exp\left[-\frac{(m_1 + m_2) v_{\mathrm{c}}^2 + m_{\mathrm{r}} v^2}{2T}\right] \sigma(v)\, v \tag{3.15}$$

然后将 $\boldsymbol{v}_{\mathrm{c}}$ 的部分积分掉

$$\left(\frac{m_1 + m_2}{2\pi T}\right)^{3/2} \int \mathrm{d}\boldsymbol{v}_{\mathrm{c}} \exp\left[-\frac{(m_1 + m_2) v_{\mathrm{c}}^2}{2T}\right] = 1 \tag{3.16}$$

剩下 $\boldsymbol{v}$ 的部分

$$\langle \sigma v \rangle = \left(\frac{m_{\mathrm{r}}}{2\pi T}\right)^{3/2} \int \mathrm{d}\boldsymbol{v} \exp\left[-\frac{m_{\mathrm{r}} v^2}{2T}\right] \sigma(v)\, v \tag{3.17}$$

最后将这部分按式 (3.13) 换元为质心系动能 ε，

$$v\mathrm{d}\boldsymbol{v} = v \times 4\pi v^2 \mathrm{d}v = 4\pi \frac{2\varepsilon}{m_{\mathrm{r}}} \cdot \frac{\mathrm{d}\varepsilon}{m_{\mathrm{r}}} \tag{3.18}$$

就得到了常用的计算热平衡下反应率系数的公式

$$\langle \sigma v \rangle = \sqrt{\frac{8}{\pi m_{\mathrm{r}} T^3}} \int_0^{+\infty} \mathrm{d}\varepsilon \exp\left(-\frac{\varepsilon}{T}\right) \varepsilon \sigma(\varepsilon) \tag{3.19}$$

图 3.3 示意了 D-T 反应 $T = 5$ keV 时式 (3.19)的被积函数——单能反应率的形状。可见在我们感兴趣的参数范围内，最大反应率对应的能量显著大于温度表征的动能，也就是说分布在尾部的高能部分对聚变反应率的贡献更大。

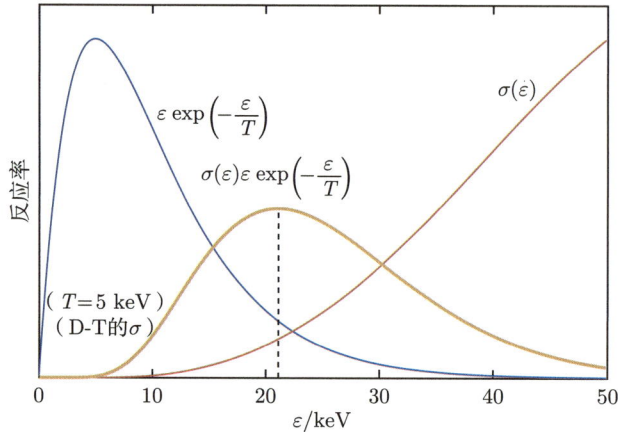

图 3.3　麦克斯韦分布时聚变反应率系数示意图

3.2.2　主要聚变反应的反应截面

伽莫夫的计算给出了聚变截面的大概形状。总体上，聚变反应截面可以用下面的形式近似描述：

$$\sigma(\varepsilon) = \frac{S(\varepsilon)}{\varepsilon} \exp\left(-\sqrt{\frac{\varepsilon_{\mathrm{G}}}{\varepsilon}}\right) \tag{3.20}$$

式中，S 被称为天体物理 S 因子，对大多数重要的聚变反应而言，S 是个弱依赖于能量的因子。表 3.1 给出主要聚变反应的反应截面数据、最大反应截面及相对应的质心系动能。

表 3.1　常见聚变反应的主要参数、最大反应截面和对应的质心系动能

反应	$S(0)/(\mathrm{keV}\cdot\mathrm{b})$	$\varepsilon_{\mathrm{G}}/\mathrm{keV}$	$\sigma_{\max}/\mathrm{b}$	$\varepsilon_{@\sigma\max}/\mathrm{keV}$
$\mathrm{D} + \mathrm{T} \longrightarrow \alpha + \mathrm{n}$	12000	1182	5.0	64
$\mathrm{D} + \mathrm{D} \longrightarrow \mathrm{T} + \mathrm{p}$	56	986	0.096	1250
$\mathrm{D} + \mathrm{D} \longrightarrow {}^{3}\mathrm{He} + \mathrm{n}$	54	986	0.11	1750
$\mathrm{T} + \mathrm{T} \longrightarrow \alpha + 2\mathrm{n}$	138	1478	0.16	1000
$\mathrm{D} + {}^{3}\mathrm{He} \longrightarrow \alpha + \mathrm{p}$	5900	4727	0.9	250
$\mathrm{p} + {}^{11}\mathrm{B} \longrightarrow 3\alpha$	1.6e5	2.26e4	1.2	5500

然而，反应截面具体的数值还是需要以核反应截面的测量数据为主要依据，因此核截面数据测量是非常基础和重要的。图 3.4 给出了主要聚变反应的反应截面随能量的变化曲线。更完整的数据可以从国际原子能机构（IAEA）核数据库中获取，详细数据见附录 A.1。

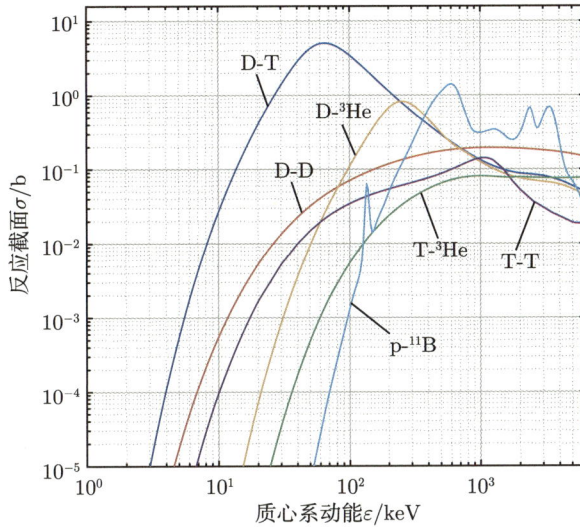

图 3.4　主要聚变反应的截面 σ 随质心系能 ε 的变化

需要注意的是表 3.1 和图 3.4 中是以质心系能为横坐标，而在一些数据库（例如前述 IAEA 数据库）或者反应截面图中是在重的靶离子（m_2）静止的坐标系下，以轻的入射粒子（m_1）动能 $\varepsilon_1 = \frac{1}{2} m_1 v_1^2$ 为横坐标。二者换算关系为

$$\varepsilon = \frac{1}{1 + m_1/m_2} \varepsilon_1 \tag{3.21}$$

总有 $\varepsilon < \varepsilon_1$。在质子/中子轰击重核（$m_2 \gg m_1$）的情况下，二者的差别可以忽略；但在两种反应粒子质量相近的聚变反应中，两种方式计量的能量有显著差异，需要进行换算，但最大截面是不变的。

从图 3.4 和表 3.1 可以看到，聚变反应的最大截面是 D-T 在 64 keV 附近达到的 5 b，接下来是 D-^{3}He 和 p-^{11}B 在数百电子伏下约 1 b。作为对比，0.025 eV 的热中子与 ^{235}U 的反应截面约为 600 b，聚变反应的艰难性可见一斑（注意这里还没有考虑功率损失）。因此，提高反应截面或者反应率系数是聚变核物理探索的方向。这里面比较重要的可能包括**核极化**和**核散射**效应。

（1）原子核具备一种被称为自旋的性质，就如同一个带电的小球绕着对称轴自转一样。如果核的自旋都被调整到特定方向（例如，沿外磁场方向），则称为核的极化。对于 D-T 反应，如果两种核的自旋都被极化到沿外磁场方向，则可使有效的核反应截面增大 50%。核极化还会影响反应产物的优先发射方向：如果 D、T 都在平行磁场方向极化，则中子和 α 粒子主要沿垂直磁场发射；当只有 D 核在垂直于磁场方向极化而 T 核没有极化，那么 α

粒子主要沿磁场方向，但反应率不会增强。D-D 反应情况更加复杂：如果 D 核自旋方向平行于磁场，反应将会被抑制；而当沿垂直方向极化，或者一半平行极化、一半反平行极化时，反应截面可以提高。对于核极化而言，其实现核极化及维持极化（或者说控制退极化）的机制和技术手段是关键。可能有很多效应都可能影响极化实现和维持，有关实验和理论研究是核物理重要的研究内容。

（2）核散射效应是指高能的带电反应产物可以穿过燃料粒子的库仑势垒引起燃料粒子的核散射（可以是弹性的，也可以是非弹性的）。在此过程中，反应产物的动能转移到燃料粒子上，使后者的反应率提高。这个效应和目前实验中利用高能束流加热提高聚变反应率的机制有相似性，需要对束流能量和燃料温度进行详细计算。

总体上，核极化和核散射效应对控制聚变反应有很多可能性，但其引入并不会在量级上改变截面和反应率的水平，因此对于未来聚变反应堆功率的精细计算与运行可能有潜在的影响，但对目前聚变方案的探索没有根本性的改变。

近年来，国内刘杰等通过理论研究，认为强激光场有可能通过对量子过程的调控，大幅地提高隧穿概率和天体物理因子从而提高聚变反应截面。其结果还有待进一步的理论和实验证实。但这也表明，从核物理入手提高聚变反应截面仍然是实现核聚变能源利用的一个非常重要的方向。

3.2.3　主要聚变反应的反应率系数

与聚变功率更密切相关的是反应率系数。图 3.5 给出了在离子能量麦克斯韦分布下与图 3.4 相对应的反应率系数。由于分布函数高能部分的贡献，对应最大反应率系数的温度相对于对应最大反应截面的质心能量向左移动，这对于实现受控聚变无疑是有利的。

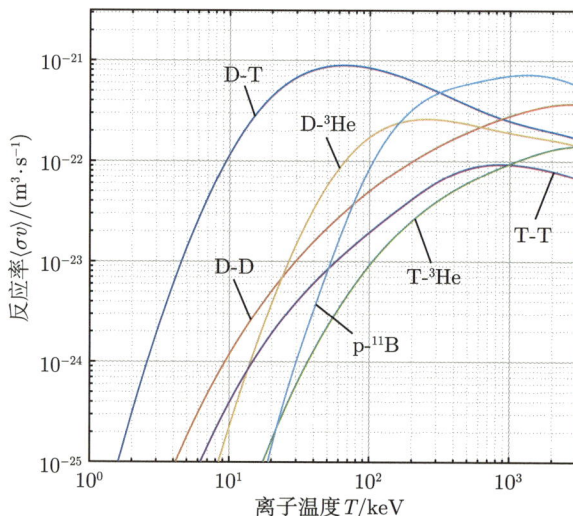

图 3.5　主要聚变反应的反应率系数 $\langle \sigma v \rangle$ 随离子温度 T 的变化

反应率和截面的数据和近似表达式都可参见附录 A.2。这里只再特别地指出一个近似表达式。在 8～25 keV 附近，可以直接用二次函数拟合 D-T 的反应率系数：

$$\langle \sigma v \rangle_{\mathrm{DT}} = 1.1 \times 10^{-24} T^2 (\mathrm{m}^3 \cdot \mathrm{s}^{-1}) \tag{3.22}$$

这里温度用 keV 作单位。这个近似表达式在后面会大有用处。

3.3　理想聚变反应

从 H 到 Fe，存在着如此多的聚变反应，那么究竟哪些聚变反应是有希望在地球上获得聚变能源的反应呢？这涉及聚变反应的评价问题，我们可以从以下几个方面来考虑。

（1）反应性，或称反应截面或反应率系数：反应截面大，反应率系数高，即在一定条件下单位时间单位体积内发生聚变反应碰撞的次数多，才能有更高的聚变反应功率产生，才有可能超过轫致辐射和其他能量损失，才可能在没有外部能量持续注入的情况下维持稳态燃烧，这样的反应才被认为是可持续的；否则反应只能以类似次临界的状态依靠外部的持续能量输入才能维持运行，这样的系统不能称为严格意义上的能源。

（2）聚变反应产能：聚变反应功率正比于反应率系数和单次反应产能。反应产能高，才能有更高的聚变反应功率产生。另外，也是很重要的一点是，平均每个核子释放的能量数决定了该反应对应的聚变能源的储能密度。

（3）燃料：燃料是高丰度的天然同位素对于聚变是有利的，而如果燃料是放射性同位素，特别是短寿命同位素，那就需要通过核反应制备产生。此外，燃料包括反应产物的冷凝性也是影响反应堆的一个重要因素，它可能会导致与射频系统或者高压系统的作用。H、He 都不会在反应堆容器内部冷凝，但 Li、Be、B 具有冷凝的可能性。

（4）放射性：如果燃料和产物具有放射性，或者具有活化生成放射性元素的反应，则需要在聚变堆中考虑屏蔽和防护问题。

（5）产物电性：如果产物粒子都是带电荷的，则在聚变能量的取出方式和效率上是有利的，有实现直接转换为电能的可能性；而如果要获得中子携带的能量，则只能通过中子慢化的方式转化为热后取能。

参考这样的原则，理想的聚变反应应该是这样的：聚变反应性高，平均每个核子释放的能量高，燃料是容易获取的天然同位素，产物不含放射性，产物不含中子。但是，非常遗憾的是，没有聚变反应同时满足所有的要求，因此我们必须进行取舍。在后面的几节，将会对一些重要的聚变反应的特点进行介绍。

3.4　D-T 反应——最容易实现的反应

D-T 反应的反应式为

$$\mathrm{D} + \mathrm{T} \longrightarrow \alpha + \mathrm{n} + 17.6\ \mathrm{MeV}$$

D-T 反应的反应截面最高，且在较低的温度（仍然要高达数亿度）下就达到很高的反应率系数。同时 D-T 反应放出 17.6 MeV 的能量，具有较高的功率密度。因此 D-T 聚变被认为是第一代聚变反应堆的首选反应，而且很有可能是未来其他聚变反应堆（如 D-D 反应堆）的点火机制。

但 D-T 反应的不方便之处也很明显，那就是 T 的半衰期只有 12.3 年，在自然界非常稀少。**T 必须通过核反应来生产**。目前，通过人工核反应生产 T 有两种主要方式。一种是在裂变重水堆中，作为慢化剂和冷却剂的 D 会被中子活化，产生 T：

$$D + n \longrightarrow T + 6.25\,\mathrm{MeV}$$

在裂变堆中，T 是作为一种毒物存在的，但这同时也是一种重要的生产 T 的方式。另一种有效生产 T 的方式则是中子和 Li 的反应：

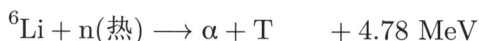

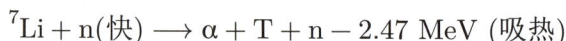

$$^{6}\mathrm{Li} + n(热) \longrightarrow \alpha + T \qquad + 4.78\,\mathrm{MeV}$$

$$^{7}\mathrm{Li} + n(快) \longrightarrow \alpha + T + n - 2.47\,\mathrm{MeV}\,(吸热)$$

热中子和 ^{6}Li 反应或者快中子与 ^{7}Li 反应都是可行的，但热中子与 ^{6}Li 的反应截面更大，应该是未来聚变堆中的主要增殖反应。因此从资源看，T 的含量由 Li 矿石决定。Li 在自然界的蕴藏量还比较丰富，陆上已探明储量约 4000 万 t，海水中含量可达 2500 亿 t。如果最终使用 D-T 聚变，地球表面的 Li 够我们使用几千年，如果考虑到海洋中的 Li，这个年限可以扩大到几十万年。目前少量的 T 可通过反应堆辐照、加速器生产，但 D-T 聚变堆需要消耗大量的 T。一个 1000 MW 的 D-T 聚变堆需要 T 的量大约为每年 50 kg，而 D-T 聚变本身又是一个产中子的反应，因此 D-T 聚变堆必须自持生产。

对于 D-T 反应来说，其反应产物中一种是带电的而另一种不带电，因此确定两种反应产物的能量分配尤为重要。根据动量守恒，产物粒子的动能与其质量成反比。或者说，较轻的粒子携带了大部分能量。对于 D-T 反应，释放的能量 $E = 17.6$ MeV，反应产物为一个 α 粒子和一个中子，因此 α 粒子携带的能量为 $(1/5)E = 3.5$ MeV，中子携带的能量为 $(4/5)E = 14.1$ MeV。

在 D-T 反应中，中子携带了释放能量中的大部分。而把中子能量转化为电能没有直接的方式，只能通过中子慢化转化为热能，进一步通过热能发电或者开展其他高温应用。后一阶段受到热机效率的限制，使得整个能量利用的总效率被限制在 30%～40%。当然携带 1/5 能量的 α 粒子通常可以继续留在约束体系中，起到加热后续燃料的作用，因此自持燃烧的状态是有可能实现的（这一点是我们将在第 4 章花大量篇幅讨论的重点）。

D-T 反应具有放射性，必须考虑聚变堆的辐射防护和屏蔽。一方面 T 本身是放射性物质，另一方面来自 14 MeV 中子对包层和结构材料的活化。

3.5　D-D 反应——燃料最丰富的反应

D-D 反应有两个分支比大致相当的反应道：

$$D + D \longrightarrow {}^{3}\mathrm{He} + n + 3.267\,\mathrm{MeV}$$

$$D + D \longrightarrow T + p \quad + 4.032\,\text{MeV}$$

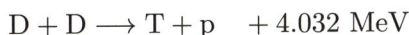

D-D 反应的优点非常明显。D 是天然存在的, 丰度为 1.53×10^{-4}（约 7000 个 H 原子中有一个 D）, 因此 D 的储量极为丰富, 海水中约含 40 亿 t, 且制备相当容易, 通过蒸馏、置换、电解、铀床净化都可以大规模生产。D 储量足够满足人类几十亿年的能量需求, 因此, 如果实现基于 D-D 反应的聚变能, 就可以永远解决所谓的能源问题。

从能量产出的角度看, D-D 反应的单位核子产能不算太高, 仅为 0.91 MeV。在聚变能的分配上, 大约 1/3 的能量由 2.45 MeV 中子携带, 其他由带电粒子携带。

从反应产物看, D-D 第一个反应道有中子产生, 在第二个反应道有 T 产生。因此, 放射性、辐射屏蔽、材料活化等问题都依然存在。但是, 注意到 D-D 反应的两个产物 T 和 ^{3}He 都可以继续和 D 发生聚变反应, 而且其反应率通常都大于 D-D 反应。其中 D-^{3}He 反应式为

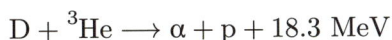

$$D + {}^3\text{He} \longrightarrow \alpha + p + 18.3\,\text{MeV}$$

因此如果不采取专门的措施迅速把反应产物中的 T 和 ^{3}He 排出反应体系, 就会发生所谓的催化 D-D 反应。考虑 D-D 初级的两个反应分支和 D-T 反应的称为半催化反应（semi-catalyzed D-D reaction）[1]；而把 D-D 初级的两个反应分支、D-T 反应、D-^{3}He 反应都考虑进去的称为完全催化的 D-D 反应, 或简称为催化 D-D 反应（catalyzed D-D reaction）。二者的式子可以写成

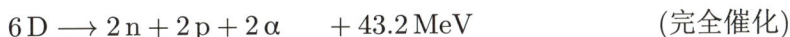

$$5\,D \longrightarrow 2n + p + \alpha + {}^3\text{He} + 24.9\,\text{MeV} \qquad \text{（半催化）}$$

$$6\,D \longrightarrow 2n + 2p + 2\alpha \quad + 43.2\,\text{MeV} \qquad \text{（完全催化）}$$

在完全催化的 D-D 反应中, 由于两个高放能反应的加入, 单位核子产生提高到 3.6 MeV。催化 D-D 聚变 38% 的能量由 2.4 MeV 和 14.1 MeV 的中子携带, 同时考虑到存在大量的中间产物 T, 因此, 其放射性、辐射屏蔽、材料活化等问题基本上和 D-T 反应堆面临的问题一致, 虽然程度稍低。和 D-T 反应相比, 催化 D-D 反应能量的大部分（62%）由带电粒子携带, 因此仍然可以考虑以总效率不低于热机效率的直接转换方式转化为电能。同时, 由于不再需要中子与 Li 反应来增殖 T, 因此反应产生的中子可以用于其他同位素生产或者科学研究。

3.6 D-^{3}He 反应——无中子反应

从上一小节, 我们已经了解了 D-^{3}He 反应, 就反应性和反应产能来说, 除了 D-T 反应外, 第二高的聚变反应就是 D-^{3}He 反应了：

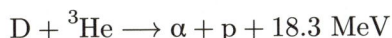

$$D + {}^3\text{He} \longrightarrow \alpha + p + 18.3\,\text{MeV}$$

---

① 参考文献[1]中误作和 D-^{3}He 反应。原始文献见 GH Miley(1976), Catalyzed-D and D-^{3}He fusion reactor systems, 指的是提取出主反应堆半催化反应生成的 ^{3}He 后在子堆中做 D-^{3}He 反应, 而非就地直接反应。

和 D-T 反应相比，D-^{3}He 反应具有诱人的优点：D 和 ^{3}He 都是稳定同位素，反应产物也没有中子，因此辐射防护的要求大大降低；更重要的是，两个产物都是带电粒子，因此可以通过直接转换的方法高效地把反应能转化为电能。

D-^{3}He 反应也有一个明显的问题，就是地球上 ^{3}He 的储量非常稀少。但 ^{3}He 可以通过人工方法制得。第一种方法是利用 D-D 反应，但 D-D 反应截面通常比 D-^{3}He 要低。第二种方法是利用 D-T 反应，在足够高的氚增殖比下，氚除了维持 D-T 反应外，一部分通过 T 的 β 衰变转化为 ^{3}He，但是这样就意味着氚的放射性问题再次出现。第三种方法是从地球以外寻求 ^{3}He 资源，比如离我们最近的月球上 ^{3}He 储量可能在 100 万 t 以上，因此对 ^{3}He 资源的勘察也是探月计划中重要的一项内容，但地月间的运输尚待可靠的评估，很显然这会影响聚变的经济性问题。

D-^{3}He 反应另一个问题在于聚变燃料 D-D 之间会发生次级反应，这些反应会导致中子的产生，从而导致放射性及能量取出的问题。不过研究表明，可以通过控制燃料比和反应温度降低次级反应的发生。

基于上述原因，D-^{3}He 反应一直受到极大关注。D-^{3}He 反应也和 3.7 节介绍的基于质子的无中子反应统称为先进燃料聚变反应。

3.7 基于质子的无中子反应

基于质子与较重核的反应有一个共同的特点——初级反应无中子产生，因此有可能实现能量的直接转换及较弱的辐射屏蔽要求。比较重要的反应主要有 p-^{6}Li，p-^{9}Be，p-^{11}B 这三种。

3.7.1 p-^{6}Li 反应

反应式为

$$p + {}^6Li \longrightarrow {}^3He + \alpha + 4.022\,MeV$$

除基于质子反应的共同特点外，这个反应的突出优点是燃料来源天然存在且储量丰富；但其缺点是产能较低。如果考虑 ^{3}He 与 ^{6}Li 的进一步反应

$$ {}^3He + {}^6Li \longrightarrow p + 2\,\alpha + 16.880\,MeV$$

能量释放将大幅提高。但是如果考虑次级反应

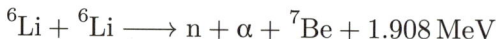

$$ {}^6Li + {}^6Li \longrightarrow n + \alpha + {}^7Be + 1.908\,MeV$$

又会引入中子和放射性元素 ^{7}Be。从反应率上看，这样的反应和 D-^{3}He 或者 D-D 相比没有优势。

3.7.2 p-^{9}Be 反应

反应式为

$$p + {}^9\text{Be} \longrightarrow \alpha + {}^6\text{Li} + 2.125\,\text{MeV}$$

$$p + {}^9\text{Be} \longrightarrow D + 2\alpha + 0.652\,\text{MeV}$$

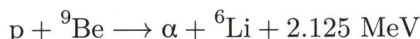

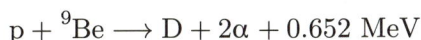

显然，p-^{9}Be 反应产能较少。同样 ^{6}Li 和 D 次级反应也会产生中子，因此这个反应没有太多实用价值。

3.7.3 p-^{11}B 反应

反应式为

$$p + {}^{11}\text{B} \longrightarrow 3\alpha + 8.664\,\text{MeV}$$

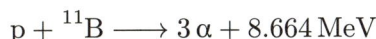

这个反应的产物为 3 个 α 粒子，因此在某些场合也被称为 3α 反应[①]。另外需要指出的是该反应主要（>95%）的直接产物是生成一个 α 粒子和一个 ^{8}Be，后者再经过 8×10^{-17} s 的半衰期衰变为 2 个 α 粒子。

p-^{11}B 反应具有以下优点：燃料来自天然同位素，且 ^{11}B 储量丰富；无中子，产物稳定且带电；在基于质子的无中子反应中，反应截面最大。该反应可能的缺点是 ^{11}B 具有冷凝性，可能会在反应堆的真空系统处甚至反应器通道上冷凝，造成燃料浪费、清洗困难及对其他系统的影响。

尽管 α 可以与 ^{11}B 发生次级反应产生中子和放射性的 ^{14}C，但其截面远小于初次反应截面，因此 p-^{11}B 反应被认为是最有希望的基于质子的聚变反应。

3.8 聚变反应的比较和选择

经过上面的讨论，我们将有实际意义的几种反应总结于表 3.2，附带 T 增殖时可用的两个反应。

表 3.2 几种可能利用的聚变反应

简称	反应式	放能/MeV	备注
D-T	$D + T \longrightarrow n + \alpha$	17.6	
D-D(p)	$D + D \longrightarrow p + T$	4.03	截面大致相等
D-D(n)	$D + D \longrightarrow n + {}^3\text{He}$	3.27	
D-^{3}He	$D + {}^3\text{He} \longrightarrow p + \alpha$	18.3	
p-^{11}B	$p + {}^{11}\text{B} \longrightarrow 3\alpha$	8.66	
n-^{6}Li	${}^6\text{Li} + n \longrightarrow T + \alpha$	4.78	产氚/热中子
n-^{7}Li	${}^7\text{Li} + n \longrightarrow n + T + \alpha$	−2.47	产氚/快中子

---

① 另一个被广泛称作 3-α 过程的是三个 He 核（α 粒子）合成一个 ^{12}C 核的反应。

上面几种可能利用的聚变反应的特点总结如表 3.3所示。

表 3.3　几种可能利用的聚变反应的特点

反应	高反应性	高功率密度	燃料易获取	无须放射性屏蔽	直接转换
D-T	•	•			
D-D			•		
催化 D-D		•	•		•
D-^{3}He		•	•	•	•
p-^{11}B			•	•	•

可以看到，没有任何聚变反应满足理想聚变反应的所有选项。在聚变能利用尚未实现的今天，聚变的反应性是我们优先要考虑的。在这一点上 D-T 反应具有明显的优势，是第一代聚变反应堆的首选方式。进一步，它还可以作为 D-D 反应的点火机制。因此目前的研究主要集中在 D-T 聚变上。**故在后文中，不加说明的聚变反应均指 D-T 聚变反应。**

主要轻核间聚变反应的反应截面和反应率系数数据可参见附录 A.1。

思考题

3.1　计算下列燃料可以提供的能量：

（1）1 升汽油；

（2）1 千克铀235；

（3）1 升海水（利用催化 D-D 聚变）；

（4）0.5 升海水中的 D ＋ 等量 T（利用 D-T 聚变）。

3.2　假设可以利用 p-^{11}B 反应制造氢弹，请计算：

（1）一个 1000 t TNT 当量的氢弹中发生了多少次聚变反应？

（2）反应燃料的质量需要多少？

（3）假设爆炸中燃料只燃烧了 1/3，炸弹的质量是燃料质量的 2 倍，那么氢弹的总质量是多少？

3.3　计算催化 D-D 聚变中释放能量的分配方式；据此结果设想后续采用的能量的取出方式，并与 D-T 聚变进行比较。

3.4　在 D-^{3}He 聚变中，D-D 次级反应会导致 2.45 MeV 中子的产生，这时可以通过改变燃料比影响产物中中子的份额。试计算 D 和^{3}He 浓度比分别为 1:1，1:2，1:3 时中子携带能量占反应释放总能量的份额。

3.5　参照式 (3.19) 的推导，计算和比较不同分布函数下 D-T 聚变的反应率系数与温度（能量）关系：

（1）D 和 T 为等温的热平衡分布（麦克斯韦分布）；

（2）T 为静止（δ 函数分布），D 为热平衡；

（3）T 为静止，D 为能量为 5 keV，10 keV，20 keV，50 keV，100 keV，500 keV 的束流（偏移的 δ 函数分布）；

（4）T 为热平衡，D 为能量为 5 keV，10 keV，20 keV，50 keV，100 keV，500 keV 的束流。

参考文献

[1] ROTH J R. 聚变能引论 [M]. 李兴中, 等译. 北京: 清华大学出版社, 1993.

[2] FREIDBERG J P. Plasma physics and fusion energy[M]. Cambridge: Cambridge university press, 2008.
（FREIDBERG J P. 等离子体物理与聚变能 [M]. 王文浩, 译. 北京: 科学出版社, 2010.）

[3] ATZENI S, MEYER-TER-VEHN J. The physics of inertial fusion: beam plasma interaction, hydrodynamics, hot dense matter[M]. New York: OUP Oxford, 2004.

从聚变反应到聚变能

聚变能源的基础是聚变反应，但少量的聚变反应并不意味着聚变能源。本章将首先从简单的能量得失估算出发，引入热核聚变的概念；然后从能源系统的功率平衡关系出发，定量得到聚变能源利用的判据和条件，获得能量增益与等离子体参数的关系。此外，从动态的功率平衡出发，还可以理解聚变体系的热稳定性，这是聚变本征安全性的一部分。

4.1 热核聚变

作为能源，一个最基本的要求是，反应体系释放的能量（称为产出能量）应该远大于外界输入用以维持反应体系运行所需的能量（称为投入能量）。对于化石能源通过燃烧反应释放能量的过程而言，这个要求通常很容易满足。而在裂变反应中，中子增殖使得反应可以自持，中子的电中性又使得它可以轻易地穿过包围在原子周围的电子云从而近距离接触到原子核本身，因此燃料以低温固体形式存在，也不需显著的初始能量投入。但对于聚变而言，现实的能源产生途径必须通过轻核克服库仑势垒相互靠近后才能产生，这必须有大量能量的投入，因此必须认真考虑投入和产出的相对大小，以及在有净的能量产生时所需要的条件。

一个最简单的考虑是，采用轻核对撞或者打靶的方法产生聚变反应，这被称为束靶反应。从 D-T 聚变的截面随打靶粒子 D 的动能（注意，是入射粒子的动能，而不是本书别处常用的质心动能）的关系图 4.1 可以看出，最大截面对应的能量只有 100 keV 左右，这对于现在的加速器技术来说是一个很低的能量，实际上 10 万 V 的高压对于电力系统也是非常常见的。但是，当两束粒子对撞时，我们需要考虑库仑散射的过程。库仑碰撞的截面可以由式 (4.1) 给出

$$\sigma_s = \frac{Z_1^2 Z_2^2 e^4 \ln \Lambda}{8\pi \varepsilon_0^2 m_r^2 v^4} \tag{4.1}$$

式中，Z_1、Z_2 为两种粒子的电荷数；m_r 为约化质量；v 为相对速度；$\ln \Lambda$ 为库仑对数，表示小角度散射的累积效应，对于聚变等离子体而言 $\ln \Lambda \approx 10 \sim 20$。将 D-T 聚变反应截面和库仑散射截面画在一张图上，可以看到**聚变截面往往远小于库仑散射的截面**，如图 4.1 所示。这就意味着在聚变反应发生前，粒子能量将会被迅速热化而失去其束流的特征。

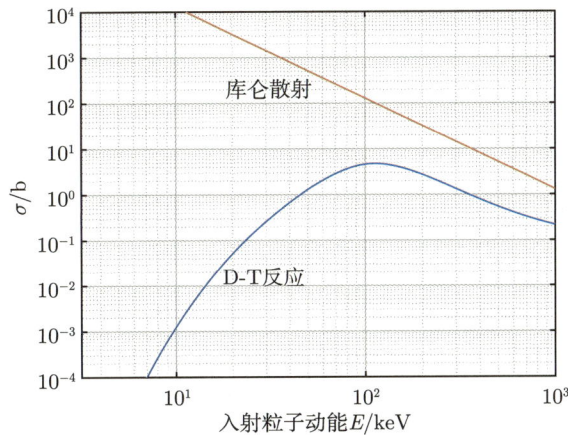

图 4.1 D-T 反应库仑散射截面

稍微仔细评估一下能量的投入和产出。在束能量小于 100 keV（对应反应截面最大值）时，聚变反应截面和库仑散射截面差距巨大，少量的聚变释放的能量远不足以补偿加速粒子产生的能量。尤其需要指出的是库仑散射截面指的是测试粒子被散射 90°（即完全损失入射方向动量下）下定义的截面，而实际上微弱的小角度散射就将导致束流入射方向的动量损失，进而迅速减低聚变截面。而在更高的束能量下，截面固然是可比了，但考虑到一次反应的聚变释能只有 17.6 MeV，就算不考虑其他能量损失途径的情况下，也已经几乎没有多少能量增益的空间（$Q < 10$），因此很难实现真正实用的聚变能源途径。[①]

上面考虑的是气体（等离子体）靶的情形，如果采用固体靶，那么其散射截面增大为原子尺寸，电子散射会消耗几乎全部的束能量。因此束靶反应可以在实验室产生聚变反应，但不能作为聚变能源的可行形式。需要指出的是，束靶反应产生的聚变中子不是各向同性的，这也可以作为判据来区分束靶反应和我们即将提到的热核反应。

要利用聚变反应作为能源，最有希望的方法是加热 D-T 燃料到足够高的温度，燃料粒子利用热速度克服库仑势垒，随机产生聚变反应，这种方式被称为**热核反应**（thermonuclear reaction）。如果我们把束靶反应比作打高尔夫球的话，一杆进洞除了要能滚到洞口的力量外，还需要特别的准度；而热核反应就如同并不限制打哪个洞，只要球还有足够的力量，进任何球洞都可以，那机会当然大了很多，如图 4.2 所示。

注意热核反应的"热"，并不是指"高温"（hot），而是指"**热平衡**"（thermal equilibrium）。除了通过随机反应提高初始能量投入的利用效率外，热核反应还使得 D-T 燃料的温度并不需要达到 D-T 聚变反应截面或者聚变反应率最大的 50~100 keV，而只需要达到 10~20 keV，即 1 亿 ~2 亿 K 即可。(而且，这个温度接近于稍后会讲到的功率平衡给出的温度最优工作点)。在这样的温度下，粒子速度分布的高能尾巴处可以达到聚变反应率最大的工作点。但即使在这样的温度下，燃料也已经被完全电离，这样的电离气体被称为等离子

---

① 唯一可能利用的是在束能量为 100 keV~1 MeV 的区间，在合适的背景等离子体温度下，由于慢化使得反应截面增大，存在一定的可能性实现有增益的聚变反应途径，但距离实用的聚变能源还有一系列物理和技术问题待验证。最近的文献有 K-F Liu and A. W. Chao, Accelerator based fusion reactor, Nuclear Fusion 57, 084002 (2017).

体。热核聚变等离子体也通常被称为高温等离子体。

在热核聚变的图像中，除了等离子体温度外，粒子密度（图 4.2 示意图中的洞的密度）显然正比于随机聚变反应发生的可能性，而这种高温高密度状态的保持时间显然也是决定性的因素。但要想明确聚变产生净的能量产出从而成为一个能源系统所要求的条件，我们就必须对一个聚变反应体系释放的功率和损失的功率进行更细致的考虑。

图 4.2　束靶反应与热核反应示意图

4.2　聚变功率的产生与损失

$\boxed{S_f}$
聚变产能功率密度

聚变之所以能被考虑成为一种能源，当然源自聚变反应释放的能量。热核聚变反应产生的功率密度很容易给出（箭头后的是 D-T 聚变的情况）：

$$S_f = n_1 n_2 \langle \sigma v \rangle E_f \to \frac{1}{4} n^2 \langle \sigma v \rangle_{DT} E_{DT} \tag{4.2}$$

$\boxed{n}$
特指电子密度 n_e

式中，n_1, n_2 为聚变燃料的密度，对 D-T 反应而言，$n_D = n_T = n/2$ 时聚变功率最大；n 在本章中特指电子密度；$\langle \sigma v \rangle$ 为反应率密度；E_f 为每次聚变反应释放的能量，例如对于 D-T 反应，$E_f = 17.6$ MeV。但是需要指出的是，对于一个具体的聚变系统而言，热核聚变反应产生的功率并不能等同于留在系统内的能量。

$\boxed{E_f}$
每次聚变反应释放的能量

聚变功率的损失包含辐射损失和传导损失。对流损失一般不考虑，因为对于一个聚变系统而言，直接的对流损失应该避免。

传导损失表现为流出聚变体系的热流，而热流源自无规则热运动导致的能量"扩散型"行为，最简化的情况下可用傅里叶传热定律描述：

$$S_\kappa = \frac{1}{V} \oint \boldsymbol{q} \cdot \mathrm{d}\boldsymbol{S}, \quad \boldsymbol{q} = -\kappa \nabla T \tag{4.3}$$

$\boxed{S_\kappa}$
热传导损失功率密度

式中，κ 为热传导系数。注意到 S_κ 正比于内能 $W = 3nT/2$，而在量纲上为能量密度/时间，我们可以唯象地定义一个能量约束时间（energy confinement time）常数 τ_E，将微观的能量输运（热传导）问题转化为一个宏观的约束问题（箭头后的是 D-T 聚变的情况）：

$$S_\kappa = \frac{W_i + W_e}{\tau_E} \to \frac{3nT}{\tau_E} \tag{4.4}$$

式中，$3nT$ 是来自电子和离子各自内能的贡献，$3n_eT/2 = 3n_iT/2$。我们可以这样理解 τ_E：在没有加热功率的情况下，假设系统只通过热传导一种方式损失能量，那么 τ_E 就是能量随时间指数衰减的时间常数。简单地类比一下，能量约束时间就是一个保温杯的保温时间，能量约束时间越长，杯子中的水就冷却得越慢。在实际运行的系统中，更常见的状态是通过加热保持体系能量保持不变，这时候，τ_E 可以理解为内能与加热功率之比。

$\boxed{\tau_E}$
能量约束时间

辐射损失 包含由线辐射、回旋辐射、韧致辐射等多种辐射机制引起的损失。

韧致辐射（bremsstrahlung radiation）由库仑碰撞引起，因此是普遍存在的。其贡献主要来自电子，由非相对论电子辐射功率

$$P = \frac{\mu_0 e^2 \dot{v}^2}{6\pi c} \tag{4.5}$$

考虑库仑散射的空间积分，可以得到韧致辐射功率密度为

$\boxed{S_B}$
韧致辐射损失功率密度

$$S_B = \left(\frac{2^{1/2}}{3\pi^{5/2}}\right)\left(\frac{e^6}{\varepsilon_0^3 c^3 h m_e^{3/2}}\right) Z_{\text{eff}} n_e^2 T_e^{1/2} (\text{W/m}^3) \tag{4.6}$$

把常数项计算可得数值公式

$$S_B = C_B Z_{\text{eff}} n^2 \sqrt{T} \ (\text{W/m}^3) \tag{4.7}$$

式中，$C_B = 5.355 \times 10^{-37}$；这里温度 T 取 keV 为单位，密度仍然取国际单位制 m^{-3}（因此公式中不特殊标出）；$Z_{\text{eff}} = \sum_j Z_{ij}^2 n_{ij}/n_e$ 是等效电荷数，j 指各个离子种类，Z_{ij} 为该种离子的电荷数。可以很明显地看到，韧致辐射功率与密度平方成正比，但与温度依赖关系较弱。韧致辐射是一个宽的连续谱，在典型的电子温度下，主要在真空紫外到 X 射线波段。对于受控的热核聚变等离子体，通常认为韧致辐射是光学透明的，也就是说韧致辐射会从等离子体中辐射出来，对于聚变体系来讲是不可避免的损失项。当然，当其射出等离子体后，可以被外部的吸收材料所吸收，以热的方式被利用。与之形成对比的是在太阳的聚变中，韧致辐射是被等离子体完全吸收的，能量只能以黑体辐射的形式从表面发射出来。（而在受控聚变研究中，黑体辐射完全不需要考虑，为什么？）

在磁场约束的等离子体中，带电粒子围绕磁力线运动，这种向心的加速运动也会引起辐射，称为回旋辐射（cyclotron radiation）或者同步辐射。回旋辐射的功率密度可为

$$S_c = \frac{e^4}{3\pi\varepsilon_0 m_e^3 c^3} B^2 n_e T_e \tag{4.8}$$

可以看到，当温度较低时，回旋辐射会显著地小于韧致辐射。由于回旋辐射在频率上体现为粒子回旋的基频和谐波，一般在微波频率范围，因此等离子体对于回旋辐射往往具有一定的光学厚度，回旋辐射会被等离子体再次吸收。如果再考虑器壁的反射，辐射可以多次通过等离子体。因此对于 D-T 聚变等离子体，回旋辐射在聚变功率平衡计算中通常被忽略。

但对于更强的磁场，或者要求更高工作温度的聚变反应，例如 D-^{3}He 或者 p-^{11}B 反应，回旋辐射会迅速增长，以至于超过韧致辐射的功率损失，这时候需要对包含等离子体的吸收和器壁的反射在内的辐射输运进行全面细致的评估。

在聚变所要求的高温下，原子的外层电子接近于完全剥离，因此线辐射（line radiation）通常只在边界区有一定强度，而对聚变功率平衡不非常重要。除此之外，等离子体还存在其他辐射过程，比如边界区的激发辐射和复合辐射、等离子体集体效应导致的电磁辐射，未约束的粒子与器壁发生作用产生的辐射等，这些过程对于等离子体状态的形成、维持和诊断非常重要，但在聚变功率平衡的考虑中通常也是被忽略的。

4.3 零维功率平衡

要得到聚变能源的实现条件，采用聚变燃料组分形成的等离子体作为一个研究系统是方便的。从流体力学的能量守恒方程式出发，

$$\frac{3}{2}\frac{\partial p}{\partial t} + \frac{3}{2}\nabla \cdot p\boldsymbol{v} + p\nabla \cdot \boldsymbol{v} + \nabla \cdot \boldsymbol{q} = S \tag{4.9}$$

对该系统做体积分，得到

$$\frac{1}{V}\int\left[\frac{3}{2}\left(\frac{\partial p}{\partial t} + \nabla \cdot p\boldsymbol{v}\right) + p\nabla \cdot \boldsymbol{v} + \nabla \cdot \boldsymbol{q} - S\right]\mathrm{d}\boldsymbol{r} = 0 \tag{4.10}$$

式中，第一项为内能对时间的导数；第二项和第三项与等离子体流动有关，其中第二项为对流导致的功率损失项，第三项为等离子体压缩做功，对于不存在明显的对流损失和等离子体压缩的体系，这两项可以忽略；第四项为热流引起的功率损失，即 4.2 节提到的 $-S_\kappa$；第五项为广义的源项，包括加热功率 S_h 和辐射功率损失（以韧致辐射为主）S_B。

$\boxed{S_\mathrm{h}}$
加热
功率
密度

注意到，因为系统并不包含聚变产物在内，因此聚变功率 S_f 并不包含在上面的关系中。只有当聚变产物可以留在系统中直接加热燃料离子时，聚变功率的一部分或者全部才能作为加热项进入功率平衡方程。类似地，韧致辐射 S_B 为电磁场携带，所以只能计入广义源项，而不能在方程中显含。这样，在不存在直接穿越约束区表面流动的情况下，可以得到如下零维功率平衡模型：

$$\frac{\mathrm{d}W}{\mathrm{d}t} = S_\mathrm{h} - S_\mathrm{B} - S_\kappa \tag{4.11}$$

在零维假设下，所有的物理量为体平均量，因此我们在后面的章节中直接用功率来简称功率密度。在稳态下式 (4.11) 第一项等于 0，得到稳态零维功率平衡模型

$$S_\mathrm{h} = S_\mathrm{B} + S_\kappa \tag{4.12}$$

即对稳态运行的聚变燃料系统而言，对其的加热功率等于传导和辐射的损失功率。

4.4　能量得失相当——劳逊判据

劳逊（John David Lawson）于 1957 年提出了这样一个体系，聚变产生功率 S_f 完全离开发生聚变反应的等离子体系统，和系统通过辐射和热传导导致的功率损失 $S_B + S_\kappa$ 一起以热的形式被收集利用，总的输出功率为 $S_{out} = S_f + S_B + S_\kappa$。这个输出功率以一定的效率 η 转化为可以利用的功率 $S_{out\,eff} = \eta(S_f + S_B + S_\kappa)$。这一功率必须不小于维持聚变体系持续运行所需的加热功率 S_h，而根据稳态功率平衡关系式 (4.12)，系统加热功率 S_h 等于系统功率损失 $S_l = S_B + S_\kappa$，因此体系可以维持甚至有可利用功率输出的条件可以写成如下形式，如图 4.3 所示。

η 输出功率可利用的转化效率

$$\eta(S_f + S_B + S_\kappa) \geqslant S_B + S_\kappa \tag{4.13}$$

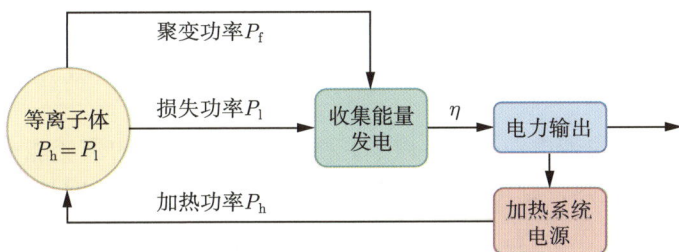

图 4.3　劳逊体系中的功率传递（$P = S \cdot V$）

将 4.2 节 D-T 的 S_f 式 (4.2)，S_B 式 (4.7)，S_κ 式 (4.4) 代入式 (4.13)，并设电子离子温度相等、有效电荷数 $Z_{eff} = 1$，可以得到如下的关系式：

$$n\tau_E \geqslant \frac{3T(1-\eta)}{\eta \frac{1}{4}\langle \sigma v\rangle_{DT} E_{DT} - (1-\eta)C_B\sqrt{T}} \tag{4.14}$$

注意反应率系数 $\langle \sigma v\rangle$ 是温度的函数，因此该不等式右侧只是温度的函数。将聚变反应的截面数据代入，我们就可以得到如图 4.4 所示不同反应对应的不同曲线。在曲线上方，产出的有效功率除维持系统损失功率外还能有剩余；而在曲线下方，所得不足以弥补所失。因此图上对应的曲线对应反应堆产生的电能刚好足够维持加热功率，这被称为零功率堆判据，也被称为**劳逊判据**（Lawson criterion）。

劳逊判据 输出能量刚好足以维持加热

可以看到，D-T 反应仍然是最容易达到得失相当条件的反应，其最低工作点在 20~30 keV 处获得，要求

$$n\tau_E \geqslant 0.7 \times 10^{20}\ \mathrm{m^{-3} \cdot s} \tag{4.15}$$

这个关系和 4.2 节基于简单图像的分析是吻合的，但它是如此出乎意料之简洁。它告诉我们无论采取何种方式，只要是热核聚变，如果欲使其作为能源生产，则必须要求密度和能量约束时间的乘积足够高。这也是聚变从聚变反应走向聚变能源的关键所在。事实上，在氢

弹研制时，科学家也一直在努力克服大量聚变反应发生前等离子体就可能失去约束的关键问题，但一直到了 1952 年第一枚氢弹爆炸后的 5 年后，才由劳逊给出了如此清晰的判据。

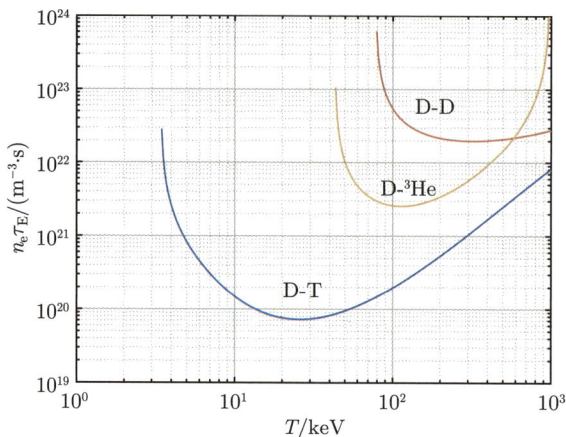

图 4.4　几种反应的未修正劳逊判据随温度的变化（$\eta = 0.3$）

修正的劳逊判据

产物中带电粒子的能量留在等离子体内

由于 D-T 聚变产生的带电粒子（α 粒子）携带了 $k = 1/5$ 的聚变能量，因此如果考虑带电粒子对燃料粒子的加热，则可以对劳逊判据进行些微修正。特别是对磁约束聚变而言，带电粒子将被约束在聚变体系内，带电粒子携带的聚变能量可以认为完全留在聚变体系内，这样加热功率将包含来自带电粒子的加热部分和外部加热部分，式 (4.13)修正为

$$\frac{1}{5}S_{\mathrm{f}} + \eta\left[\left(1 - \frac{1}{5}\right)S_{\mathrm{f}} + S_{\kappa} + S_{\mathrm{B}}\right] \geqslant S_{\kappa} + S_{\mathrm{B}} \tag{4.16}$$

同样，可以得到

$$n\tau_{\mathrm{E}} \geqslant \frac{3T(1-\eta)}{\left[\dfrac{1}{5} + \dfrac{4}{5}\eta\right]\dfrac{1}{4}\langle\sigma v\rangle_{\mathrm{DT}}E_{\mathrm{DT}} - (1-\eta)C_{\mathrm{B}}\sqrt{T}} \tag{4.17}$$

很容易知道，这个考虑带电粒子加热效应后的零功率堆判据（也称为修正的劳逊判据）会略低于原劳逊判据，如图 4.5 所示。

以上讨论针对 D-T 反应，而不同反应的 S_{f} 式 (4.2)，S_{B} 式 (4.7)，S_{κ} 式 (4.4) 表达式的系数有所不同。例如：D-D 反应是同种离子间的反应，S_{f} 系数应是 $1/2$；D-^{3}He 反应由于 He 有 2 个电荷，所以 Z_{eff} 不为 1 等。总之，诸式的通用形式为（已假设 $T_{\mathrm{e}} = T_{\mathrm{i}} = T$）

$$S_{\mathrm{f}} = r_1 n^2 \langle\sigma v\rangle E_{\mathrm{f}} \, , \ S_{\kappa} = \frac{r_2 nT}{\tau_{\mathrm{E}}} \, , \ S_{\mathrm{B}} = C_{\mathrm{B}} Z_{\mathrm{eff}} n^2 \sqrt{T} \tag{4.18}$$

相应的修正劳逊判据的通用形式是（参见附录 A.3）

$$n\tau_{\mathrm{E}} \geqslant \frac{r_2 T(1-\eta)}{[k+(1-k)\eta]\, r_1\langle\sigma v\rangle E_{\mathrm{f}} - (1-\eta)C_{\mathrm{B}}Z_{\mathrm{eff}}\sqrt{T}} \tag{4.19}$$

其中诸系数如表 4.1 所示。修正前的劳逊判据表达式即令 $k = 0$。

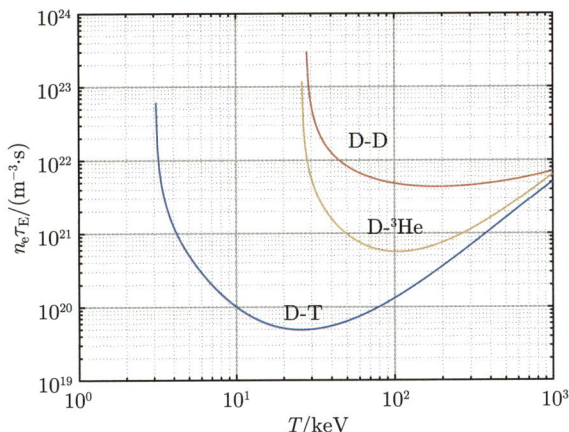

图 4.5 几种反应的修正后的劳逊判据随温度的变化（$\eta = 0.3$）

表 4.1 假设燃料粒子数密度比为 1:1 时各反应在修正劳逊判据表达式中的系数

反应	E_f/MeV	r_1	r_2	Z_{eff}	k
D + T	17.6	1/4	3	1	1/5
D + D（总）	3.6	1/2	3	1	2/3
D + ^{3}He	18.3	1/9	5/2	5/3	1

4.5 点火条件

从修正的劳逊判据更进一步，如果单独依靠 α 粒子自持加热，就可以弥补聚变体系的能量损失，那么聚变体系中中子携带的功率和损失功率 $S_\kappa + S_B$ 将完全成为净的功率所得（当然它们以一定的效率转化为可以使用的功率）。在这种情况下，体系不需要外部加热就可以自持进行，并源源不断地输出功率。在磁约束聚变中，这种状态被称为**点火**（ignition）或者自持燃烧。这种情况类似于我们用某种引燃手段点燃一个煤炉后，煤炉自身产生的热就足以把后续燃料继续加热到燃烧状态，而不再需要引燃手段的继续参与。

在式 (4.16) 中令 $\eta = 0$，即得到点火条件

$$\frac{1}{5} S_f \geqslant S_\kappa + S_B \tag{4.20}$$

则式 (4.17) 变为

$$n\tau_E \geqslant \frac{3T}{\dfrac{1}{20} \langle \sigma v \rangle_{\mathrm{DT}} E_{\mathrm{DT}} - C_B \sqrt{T}} \tag{4.21}$$

很显然，由于只有 1/5 的聚变功率用来加热，且没有回收的损失功率用以加热，点火条件将比劳逊判据更苛刻一点。图 4.6 给出几个反应的劳逊判据和点火条件的比较。对于 D-T

反应，点火条件要求在 20～30 keV

$$n\tau_{\mathrm{E}} \geqslant 1.5 \times 10^{20} \ \mathrm{m^{-3} \cdot s} \tag{4.22}$$

由于点火条件和劳逊判据具有相同的形式，而且具有同一量级，二者常常被混淆。但二者对应的能量增益有很大差别，下一节将会阐明这一点。

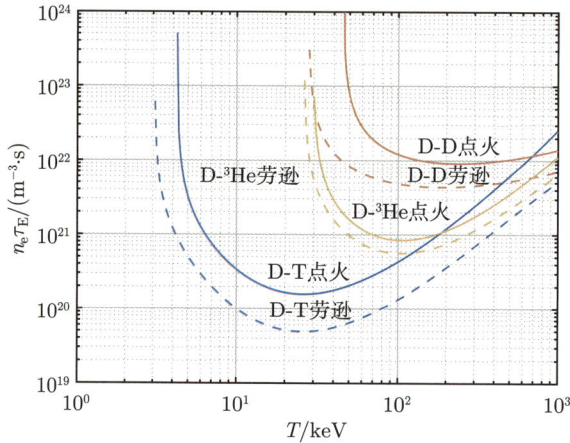

图 4.6　各反应的点火条件与劳逊判据的比较

*

考虑点火条件的简化可以进一步提供给我们一些有趣的信息，以下仅考虑 D-T 反应。一方面，我们可以假设聚变体系具有理想的约束能力，即聚变功率只通过辐射损失，完全没有热传导损失。容易想到，这种条件下，对密度和能量约束时间的限制将不再存在（$\tau_{\mathrm{E}} \to \infty$），则式 (4.20)化为

$$\frac{1}{5}S_{\mathrm{f}} \geqslant S_{\mathrm{B}} \tag{4.23}$$

给出

$$T \geqslant 4.4 \ \mathrm{keV} \tag{4.24}$$

可以理解这个温度即为聚变点火等离子体工作温度的下限，即图 4.7 中诸实线与虚线的交点，或图 4.8 中的竖线。换言之，如果对于某些单次产能低，或者辐射损失功率极高的反应，如果其带电粒子携带的聚变功率尚不足以弥补辐射损失，那基于这些聚变反应，是无论如何也不能实现点火的。也就是说，尽管考虑辐射损失功率的再利用仍然可以有聚变功率的净输出，但其反应体系只能是依赖外部驱动维持的。

另一方面，我们假设聚变功率损失只通过热传导方式而没有韧致辐射（$S_{\mathrm{B}} \to 0$）：

$$\frac{1}{5}S_{\mathrm{f}} \geqslant S_{\kappa} \tag{4.25}$$

产生的影响如图 4.8 中的虚线所示。可以看到，和包含韧致辐射损失的点火条件相比，密度和能量约束时间乘积最小值基本不变，而只是在温度较低的区间降低了要求。这是因为

韧致辐射随温度增长呈平方根关系，弱于 20 keV 以下时聚变功率随温度增长而增长的速率，也弱于热传导损失随温度增长而增长的速率。

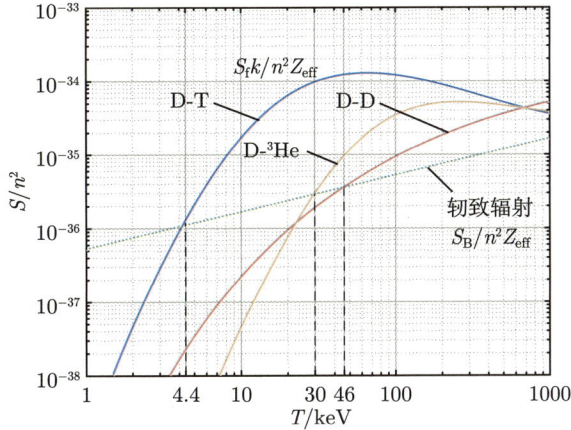

图 4.7　各反应中带电粒子携带的聚变功率和韧致辐射功率的比较

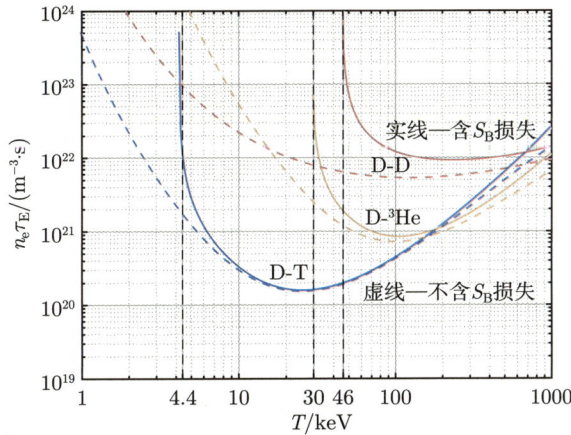

图 4.8　各反应的点火条件温度下限和如果不计韧致辐射损失时的影响

*

总之，当温度处于 10~20 keV 时，可以忽略辐射损失 S_B，故点火条件式 (4.25) 可以化为

$$\frac{1}{5}\frac{S_\mathrm{f}}{S_\kappa} = nT\tau_\mathrm{E} \cdot \frac{\frac{1}{20}\langle\sigma v\rangle_\mathrm{DT} E_\mathrm{DT}}{3T^2} \geqslant 1 \tag{4.26}$$

整理一下，并利用且此时 D-T 反应的 $\langle\sigma v\rangle = 1.1 \times 10^{-24} T^2 (\mathrm{m^3 \cdot s^{-1}})$ 约对温度呈二次函数，定义

$$F \equiv nT\tau_\mathrm{E}, \quad F_\mathrm{I} \equiv \frac{3T^2}{\frac{1}{20}\langle\sigma v\rangle_\mathrm{DT} E_\mathrm{DT}} = 3 \times 10^{21}\ \mathrm{keV \cdot m^{-3} \cdot s} \tag{4.27}$$

可得点火条件等价于 $F \geqslant F_{\mathrm{I}}$，即

$$nT\tau_{\mathrm{E}} \geqslant 3 \times 10^{21} \ \mathrm{keV} \cdot \mathrm{m}^{-3} \cdot \mathrm{s} \tag{4.28}$$

$\boxed{F}$
聚变三乘积 $nT\tau_{\mathrm{E}}$

式中，F 被称为**聚变三乘积**（triple product），F_{I} 为点火条件下最低的聚变三乘积。这样，我们就把聚变能源对应等离子体三个关键参数的要求清晰地表示出来了。

显然，从稍低一点的温度接近点火条件是合理的路径，因此，三乘积基本上可以标志着聚变研究的进展。几十年来，科学家们不断推高着 F 的纪录，预计将在 ITER 装置上实现点火，如图 4.9 所示。同样，上面的劳逊判据和点火条件一样也可以表示成三乘积与温度的关系。

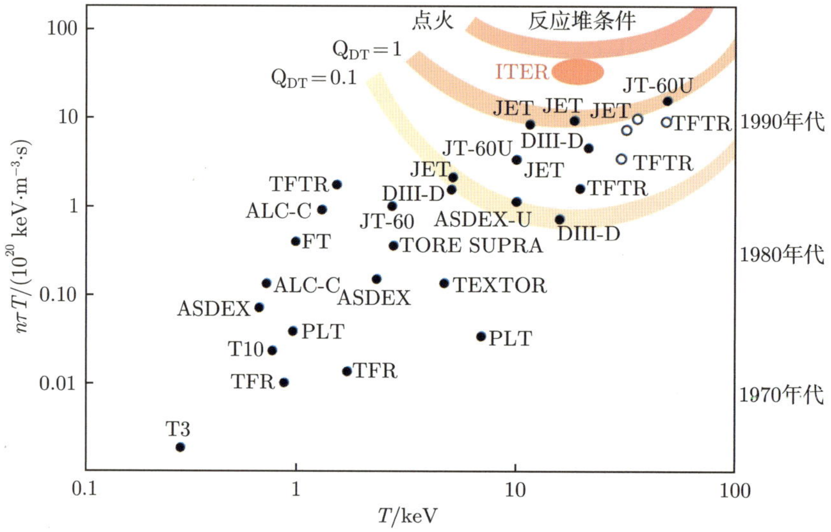

图 4.9　几十年来各大聚变研究装置提升 F 的历程

（资料来源：Horvath, A., Rachlew, E. Nuclear power in the 21st century: Challenges and possibilities. Ambio 45 (Suppl 1), 38-49 (2016). https://doi.org/10.1007/s13280-015-0732-y.fig.4.）

应当指出，上述公式是针对平坦剖面的，即温度、密度在空间上皆为均匀的；如果密度、温度均取抛物线剖面（芯部高、边界低，更接近实际），则芯部峰值处点火条件会稍高一点，但在同一量级上。

此外，之前的推导都假设了电子和离子达到了充分的热平衡，即二者温度相同。然而，注意到聚变功率的产生与离子温度相关，而系统中的功率损失，尤其是辐射损失往往和电子温度更相关，因此离子温度高于电子温度的运行模式是有利于降低功率平衡条件的，这也就是所谓的热离子模。不过对于稳态运行的 D-T 聚变而言，α 离子自持加热优先加热电子，然后通过电子离子碰撞再加热离子，因此并不方便也无太强烈的需求使得离子温度大于电子温度。不过对于一些处于临界点火的反应而言，可能必须需要考虑热离子模的运行方式，但这将额外增加用于维持电子和离子非热平衡的功率输入。

4.6　能量增益

之前的讨论基于维持聚变体系持续运行的角度考虑，现在换个角度，从可以最后得到的净功率来考虑。因为对于 D-T 聚变而言，最后可利用的能量为热能，因此净功率等于总的热功率输出减去维持等离子体体系运行所需的加热功率输入，基于这个考虑，我们可以引入无量纲化的增益系数，称为**物理增益因子**Q，有

$$Q = \frac{\text{净热功率输出}}{\text{加热功率输入}} = \frac{P_{\text{out}} - P_{\text{in}}}{P_{\text{in}}} \tag{4.29}$$

> Q
> 物理
> 增益
> 因子

我们来确认一下前面给出的几个判据下的物理增益因子：

（1）在劳逊判据下，$P_{\text{out}} = (S_{\text{f}} + S_{\text{B}} + S_{\kappa})V$，$P_{\text{in}} = S_{\text{h}}V = (S_{\kappa} + S_{\text{B}})V$，那么

$$Q_{\text{Lawson}} = \frac{S_{\text{f}}}{S_{\kappa} + S_{\text{B}}} \tag{4.30}$$

（2）在考虑 α 粒子加热修正的劳逊判据下，$P_{\text{out}} = (4S_{\text{f}}/5 + S_{\text{B}} + S_{\kappa})V$，$P_{\text{in}} = S_{\text{h,ext}}V = (S_{\kappa} + S_{\text{B}} - S_{\text{f}}/5)V$，那么仍然有

$$Q_{\text{Lawson,alt}} = \frac{S_{\text{f}}}{S_{\text{h,ext}}} = \frac{S_{\text{f}}}{S_{\kappa} + S_{\text{B}} - S_{\text{f}}/5} \tag{4.31}$$

> $S_{\text{h,ext}}$
> 外部
> 注入
> 加热
> 功率

增益有所增加。这个结果其实并不出乎意料，因为尽管由于 α 粒子留在体系内，名义上的输出功率减少了，但 α 粒子对等离子体进行加热，最终能量仍然以辐射和热传导的形式出现，因此系统总的净功率所得仍然是聚变功率本身。当然，考虑了 α 粒子自持加热后，所需的外部输入功率降低，故 Q 值提高。

（3）在点火条件下，$P_{\text{in}} = S_{\text{h,ext}}V = 0$，因此

$$Q_{\text{ignit}} \to \infty \tag{4.32}$$

考虑到在未考虑 α 粒子自持加热的劳逊判据中，$S_{\text{h}} = S_{\text{h,ext}}$，因此我们可以统一把式 (4.29) 定义的物理增益因子进一步明确为

$$Q \equiv \frac{S_{\text{f}}}{S_{\text{h,ext}}} \tag{4.33}$$

对于磁约束聚变，$S_{\text{h,ext}}$ 为外部注入的加热功率（如微波或中性束加热功率）；对于激光聚变，$S_{\text{h,ext}}$ 即为注入的激光功率。这也是国际聚变界公认的 Q 的定义。

按推导式 (4.26) 时的近似

$$S_{\text{B}} \to 0, \quad \frac{1}{5}\frac{S_{\text{f}}}{S_{\kappa}} = \frac{F}{F_{\text{I}}} \tag{4.34}$$

可以得到修正的 Q 式 (4.31) 与聚变三乘积 F 的关系：

$$Q = \frac{5F/F_{\mathrm{I}}}{1 - F/F_{\mathrm{I}}} \tag{4.35}$$

$Q = 1$ 通常被称作能量得失相当（break even），这是聚变研究进展的一个重要标志，但是我们需要明确这个得失相当只是热能层次上的相当。（特别地，在后文所述的激光聚变中，通常会将 $Q \geqslant 1$ 的状态也称为"点火"，这个说法和 4.5 节中用自持加热定义的点火是不同的。）显然，$F = F_{\mathrm{I}}$ 时，物理增益因子 Q 趋近于无穷大。

顾名思义，物理增益因子更多是一种物理上的考虑，和实际应用情况还有一定距离。因此，从电功率密度出发，定义一个工程增益因子可能是合适的：

$\boxed{Q_{\mathrm{E}}}$
工程
增益
因子

$$Q_{\mathrm{E}} = \frac{\text{净电功率输出}}{\text{电功率输入}} = \frac{\text{总电功率输出} - \text{电功率输入}}{\text{电功率输入}}$$

$$= \frac{P_{\mathrm{out}}^{(\mathrm{E})} - P_{\mathrm{in}}^{(\mathrm{E})}}{P_{\mathrm{in}}^{(\mathrm{E})}} \tag{4.36}$$

事实上，劳逊判据考虑的就是一个简化的情况，假设输入功率即为电功率 $P_{\mathrm{in}}^{(\mathrm{E})} = P_{\mathrm{in}} = S_{\mathrm{h,ext}}V$，只令输出功率以效率 η 转化为电功率 $P_{\mathrm{out}}^{(\mathrm{E})} = \eta P_{\mathrm{out}}$，这样

$$Q_{\mathrm{E}} = \frac{\eta\left(S_{\mathrm{f}} + S_{\mathrm{B}} + S_{\kappa}\right)}{S_{\mathrm{B}} + S_{\kappa}} - 1 \tag{4.37}$$

或者考虑 α 粒子自持加热效应后

$$Q_{\mathrm{E,alt}} = \frac{\eta\left(4S_{\mathrm{f}}/5 + S_{\mathrm{B}} + S_{\kappa}\right)}{S_{\mathrm{B}} + S_{\kappa} - S_{\mathrm{f}}/5} - 1 \tag{4.38}$$

劳逊判据式 (4.16)即等价于 $Q_{\mathrm{E}} = 0$，这就是其被称为零功率堆判据的原因。

当然实际情况更为复杂，在 Freidberg 书[1] 中提供了一个模型（这里要用到 D-T 反应磁约束聚变堆的基本框架，我们将会在后续章节详述），如图 4.10 所示。

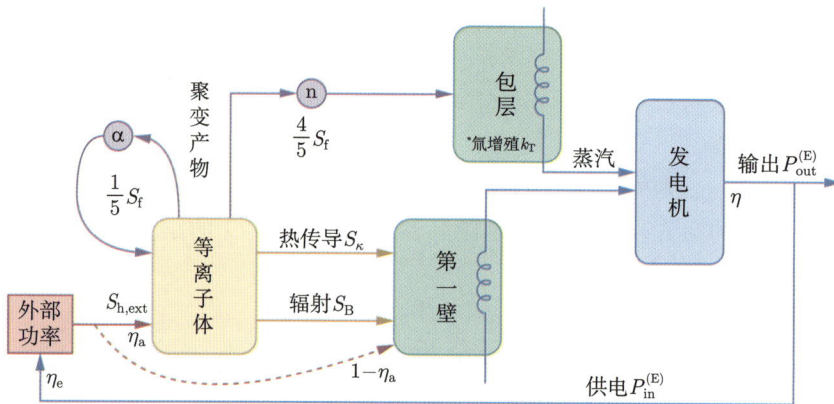

图 4.10　D-T 反应堆中能量流的基本框架

（1）输入电功率 $P_{\mathrm{in}}^{(\mathrm{E})}$ 仍然正比于加热功率 $S_{\mathrm{h,ext}}$，但考虑两个效率系数，一个是电能到外部加热功率（如电磁波、中性束）的转换效率 η_{e}，一个是外部加热功率被等离子体吸收的效率 η_{a}，即

$$P_{\mathrm{in}}^{(\mathrm{E})} = \frac{1}{\eta_{\mathrm{e}}\eta_{\mathrm{a}}} S_{\mathrm{h,ext}} V \tag{4.39}$$

（2）输出电功率 $P_{\mathrm{out}}^{(\mathrm{E})}$ 仍然考虑热功率以热电转换的效率转换为电能，效率为 η。但总的热功率除了中子携带的热功率、热传导和辐射功率外，还包含了两部分：一是氚增殖时包层内的 n-^{6}Li 反应产生的热功率，这等效地使得 14.1 MeV 中子的能量提高了 4.8 MeV（即提高了 $k_{\mathrm{T}} = 34\%$），二是加热未被吸收的功率（这部分功率被计入和热传导和辐射功率被计入的原因一致），即 $\frac{1-\eta_{\mathrm{a}}}{\eta_{\mathrm{a}}} S_{\mathrm{h,ext}} V$。这样

$$P_{\mathrm{out}}^{(\mathrm{E})} = \eta \left[(1+k_{\mathrm{T}})\frac{4}{5}S_{\mathrm{f}} + S_{\mathrm{B}} + S_{\kappa} + \frac{(1-\eta_{\mathrm{a}})}{\eta_{\mathrm{a}}} S_{\mathrm{h,ext}} \right] V \tag{4.40}$$

将以上 $P_{\mathrm{in}}^{(\mathrm{E})}, P_{\mathrm{out}}^{(\mathrm{E})}$ 二式代回 Q_{E} 的定义式 (4.36)，可以得到

$$Q_{\mathrm{E}} = \frac{\eta\eta_{\mathrm{e}}\eta_{\mathrm{a}}\left[(1+k_{\mathrm{T}})\frac{4}{5}S_{\mathrm{f}} + S_{\mathrm{B}} + S_{\kappa}\right] - \left[1 - (1-\eta_{\mathrm{a}})\eta\eta_{\mathrm{e}}\right]S_{\mathrm{h,ext}}}{S_{\mathrm{h,ext}}} \tag{4.41}$$

代入 $S_{\mathrm{h,ext}} = S_{\mathrm{B}} + S_{\kappa} - S_{\mathrm{f}}/5$ 和 $S_{\mathrm{B}} \to 0, \dfrac{S_{\mathrm{f}}}{S_{\kappa}} = 5\dfrac{F}{F_{\mathrm{I}}}$，可以得到

$$Q_{\mathrm{E}} = \frac{(6.4\eta\eta_{\mathrm{e}}\eta_{\mathrm{a}} + 1 - \eta\eta_{\mathrm{e}})F/F_{\mathrm{I}} - (1 - \eta\eta_{\mathrm{e}})}{1 - F/F_{\mathrm{I}}} \tag{4.42}$$

这里乐观地将效率设为 $\eta = 40\%, \eta_{\mathrm{e}} = 70\%, \eta_{\mathrm{a}} = 70\%$，得

$$Q_{\mathrm{E}} = \frac{2.0F/F_{\mathrm{I}} - 0.72}{1 - F/F_{\mathrm{I}}} \tag{4.43}$$

显然，对于同样的等离子体参数，工程增益因子 Q_{E} 显著地小于物理增益因子 Q，如图 4.11 所示。可以写成一个近似的关系：

$$Q_{\mathrm{E}} \approx \frac{Q}{4} - 0.72 \tag{4.44}$$

Q 在 $nT\tau_{\mathrm{E}} = 0$ 时为零，但 Q_{E} 在达到劳逊判据附近才为零，但是在点火条件 Q_{E} 和 Q 都为正无穷。值得指出几个有意义的状态：

（1）$Q \approx 3$ 时，$Q_{\mathrm{E}} \approx 0$；
（2）$Q \approx 7$ 时，$Q_{\mathrm{E}} \approx 1$；
（3）$Q \approx 43$ 时，$Q_{\mathrm{E}} \approx 10$。

这表明要达到输出电功率，Q 应该在 3~5 以上；要在电功率上得失相当，Q 应在 10 左右；要达到商用可行性，Q 要达到 40~50。这个正好和国际热核聚变堆 ITER 的三个运行目标相吻合（当然 ITER 运行目标中，对应于不同的 Q 有不同的运行时间要求）。

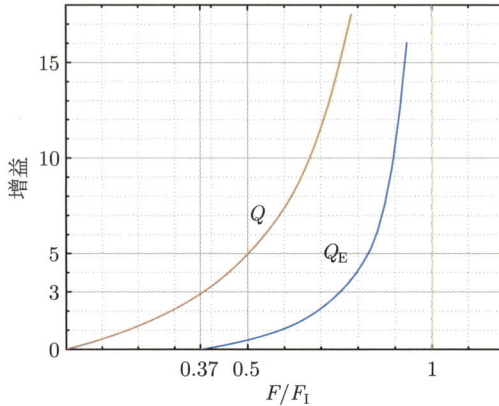

图 4.11　物理增益因子 Q 与工程增益因子 Q_E 随三乘积 F 的变化，F_I 为点火条件时的值

需要指出的是，在本节的能量增益讨论中，没有考虑维持约束所需的功率，比如维持磁体所需要的功率（对于常规磁体主要是热损耗；对于超导磁体主要是低温维持功率）。对于托卡马克类型的装置而言，如果要保持稳态，还需要一定的外部功率注入实现非感应的电流驱动。可以把这些维持约束所需的功率作为成本投入计入更精细的聚变堆经济性的计算中。

还需要指出的是，上面的模型是基于磁约束聚变的。如果考虑惯性约束聚变，则从电能到驱动源能量的转化效率是影响工程增益因子最重要的因素。例如，对于激光聚变，由于从电到激光的能量转换效率（称为激光器的驱动效率）通常比较低，目前主流的固体激光器只有 1% 的量级。因此要实现超过 1 的工程增益因子，需要激光聚变的物理增益因子至少要达到几百的量级。

4.7　热稳定性

平衡和稳定性的关系可以从一个力学的图像直观地表示出来，如图 4.12 所示。首先，稳定性问题都是对于平衡状态而言，不平衡的状态（a）不存在所谓的稳定性问题。其次，随遇稳定平衡（b）是一种平衡不随时间和空间的变化而改变的状态，而亚稳定平衡（c）则是在一定范围内处于随遇稳定平衡、而超出该范围就不平衡的状态。严格来说，这两种状态在真实系统中是不常见的。更具典型性的是，当系统稍微偏离平衡态后，如果动力学使得系统回到初始平衡态，则该平衡态是稳定的（d）；如果系统无法回到初始平衡态，则该平衡态是不稳定的（e）。然后，当扰动较少时，系统是稳定的，而扰动较大时，系统是不稳定的，我们称为线性稳定非线性不稳定（f）；但不存在线性不稳定而非线性稳定的平衡，图（g）表示不稳定性平衡与附近存在新的线性稳定平衡的情况。

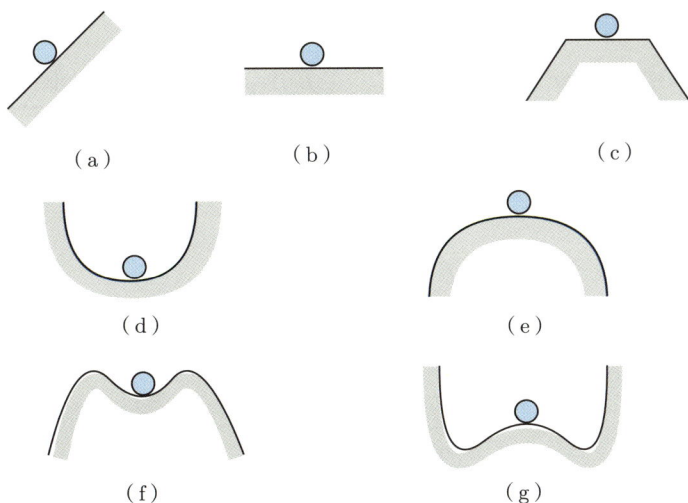

图 4.12　不同平衡类型的力学模拟

（a）不平衡；（b）随遇稳定平衡；（c）亚稳定平衡；（d）稳定平衡；（e）不稳定平衡；（f）具有线性稳定性和非线性不稳定性的平衡；（g）附近存在新的平衡态的不稳定性平衡

前面三节讲述了聚变堆的稳态功率平衡，即聚变堆中的等离子体处在一个固定压强（内能）的稳态运行中，α 自持加热和可能存在的外部加热功率弥补热传导和辐射导致的功率损失，剩余的功率输出使得聚变堆稳定地产生功率增益。现在设想一种情况，系统内的聚变反应性的涨落或者系统排出热量能力的涨落导致等离子体温度出现了一个随机涨落，现在问题是：系统是否具有恢复到其初始平衡状态的能力，还是系统将从此离开初始的平衡状态。对于前面一种情形，我们称初始平衡状态为稳定的；而对于后面的情形，则称初始平衡状态是不稳定的。很显然，不稳定的平衡将导致系统压强迅速下降（甚至熄灭）或迅速上升（带来安全隐患），聚变堆应该工作在稳定的功率平衡状态。

要研究功率平衡状态的稳定性问题，显然需要描述系统随时间的变化。因此需要考虑时变的功率平衡关系，即式 (4.11)。

现在假设聚变堆处在点火后的自持燃烧状态。为简化问题，我们将轫致辐射项略去（前面已经指出在点火条件处轫致辐射相对于聚变功率产生项和热流损失项都是小量）。进一步，假设密度保持不变，仅考虑温度扰动的情况。这样，描述热稳定性的方程可以写成

$$3n\frac{\mathrm{d}T}{\mathrm{d}t} = -3n\frac{T}{\tau_{\mathrm{E}}(T)} + \frac{n^2 E_{\mathrm{f}}}{20}\langle\sigma v\rangle(T) \tag{4.45}$$

显然，其平衡点为（忽略轫致辐射后的）点火条件：

$$3n\frac{T}{\tau_{\mathrm{E}}(T)} = \frac{n^2 E_{\mathrm{f}}}{20}\langle\sigma v\rangle(T) \tag{4.46}$$

我们假设 T 在平衡点附近变动一小量 ΔT，有

$$3n\frac{\Delta}{\Delta T}\frac{\mathrm{d}T}{\mathrm{d}t} = \left[-3n\left(\frac{1}{\tau_{\mathrm{E}}} - \frac{T}{\tau_{\mathrm{E}}^2}\frac{\mathrm{d}\tau_{\mathrm{E}}}{\mathrm{d}T}\right) + \frac{n^2 E_{\mathrm{f}}}{20}\frac{\mathrm{d}\langle\sigma v\rangle}{\mathrm{d}T}\right] \tag{4.47}$$

利用平衡关系化简上式得

$$3n\frac{\mathrm{d}\Delta T}{\mathrm{d}t} = \frac{n^2 E_{\mathrm{f}}}{20}\langle\sigma v\rangle\frac{1}{T}\left[-1 + \frac{T}{\tau_{\mathrm{E}}}\frac{\mathrm{d}\tau_{\mathrm{E}}}{\mathrm{d}T} + \frac{T}{\langle\sigma v\rangle}\frac{\mathrm{d}\langle\sigma v\rangle}{\mathrm{d}T}\right]\Delta T \tag{4.48}$$

如果上式右边为正，则 $\frac{\dot{\mathrm{d}}\Delta T}{\Delta T \mathrm{d}t}$ 为正，即温度变化将指数上升，因此，要系统热稳定，必须方括弧内项为负，即

$$-1 + \frac{T}{\tau_{\mathrm{E}}}\frac{\mathrm{d}\tau_{\mathrm{E}}}{\mathrm{d}T} + \frac{T}{\langle\sigma v\rangle}\frac{\mathrm{d}\langle\sigma v\rangle}{\mathrm{d}T} < 0 \tag{4.49}$$

如果假设 τ_{E} 为常数，即是要求

$$\frac{T}{\langle\sigma v\rangle}\frac{\mathrm{d}\langle\sigma v\rangle}{\mathrm{d}T} < 1 \tag{4.50}$$

根据反应率系数与温度的函数关系图，可以看到只有接近或超过约 30 keV 才能满足上述条件。而对于前几节得到的点火条件对应的最低温度 10~20 keV 附近

$$\langle\sigma v\rangle \approx 1.1 \times 10^{-30}T^2 \ (\mathrm{m}^3 \cdot \mathrm{s}^{-1})$$

式中，T 的单位为 eV。显然不满足上述条件。这样，聚变堆就必须工作在更高的参数下。

不过，实际上能量约束时间 τ_{E} 是存在温度依赖关系的，我们把 D-T 聚变的反应率对温度的导数计算后，画出 $1 - \frac{T}{\langle\sigma v\rangle}\frac{\mathrm{d}\langle\sigma v\rangle}{\mathrm{d}T}$ 对温度 T 的曲线，曲线下方即满足式 (4.49) 的热稳定区域，如图 4.13 所示。

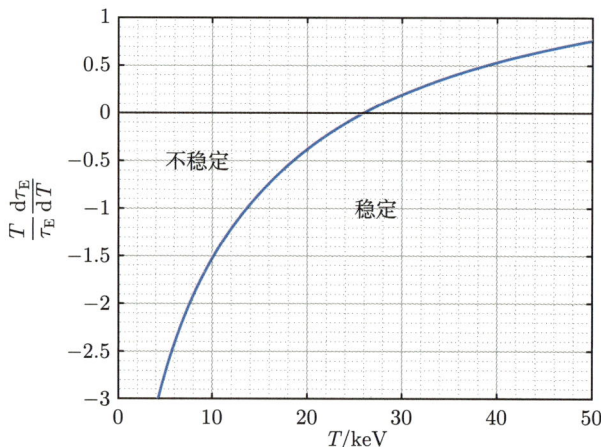

图 4.13 $\frac{T}{\tau_{\mathrm{E}}}\frac{\mathrm{d}\tau_{\mathrm{E}}}{\mathrm{d}T} = 1 - \frac{T}{\langle\sigma v\rangle}\frac{\mathrm{d}\langle\sigma v\rangle}{\mathrm{d}T}$ 的曲线，其下方即为热稳定区域。横线即表示 τ_{E} 不随温度变化时的情况

而关于 τ_{E} 随温度如何变化，有两种最常用的约束模式：低约束模式（L 模）和高约束模式（H 模）。其能量约束时间的实验定标律如下

$$\tau_{\mathrm{L}} = 0.037\frac{\varepsilon^{0.3}}{q_*^{1.7}}\frac{a^{1.7}\kappa^{1.7}B_0^{2.1}A}{\bar{n}_{20}^{0.8}\bar{T}_k} \ (\mathrm{s}) \tag{4.51}$$

$$\tau_{\mathrm{H}} = 0.28 \frac{\varepsilon^{0.74}}{q_*^3} \frac{a^{2.67} \kappa^{3.29} B_0^{3.48} A^{0.61}}{\bar{n}_{20}^{0.91} \bar{T}_k^{2.23}} \; (\mathrm{s}) \tag{4.52}$$

（诸变量意义见思考题 4.5）对于低约束模式 $\tau_{\mathrm{E}} \propto T^{-1}$，其归一化导数 $\dfrac{T}{\tau_{\mathrm{E}}} \dfrac{\mathrm{d}\tau_{\mathrm{E}}}{\mathrm{d}T} = -1$，因此在 $T > 14$ keV 时即满足热稳定平衡条件；而对于高约束模式，$\dfrac{T}{\tau_{\mathrm{E}}} \dfrac{\mathrm{d}\tau_{\mathrm{E}}}{\mathrm{d}T} \approx -2$，因此在 $T > 7$ keV 时即满足热稳定平衡条件。因此之前从低温侧接近聚变点火温度为 10~20 keV 的平衡是满足热平衡条件的。

4.8　最低加热功率

现在我们已经了解到，一个稳定的功率平衡点对应的是：

（1）内能对时间的变化率为零，$\dot{W} = 0$；

（2）内能对时间的变化率随温度增加而减少，$\mathrm{d}\dot{W}/\mathrm{d}T < 0$。

因此在稳定的功率平衡点附近，随着温度上升，内能对时间的变化率应该从正变负。但是，如果进一步审视式 (4.11)，在远低于点火条件的温度下，由于聚变反应功率会随着温度降低急剧下降，而损失功率随温度降低的下降相对平缓，这时内能对时间的变化率应该是负的。因此，随着温度的上升，$\dot{W}$ 必然还会有一次从负到正的过程，也就是说在低于点火条件的温度下，存在另一个 $\dot{W} = 0$ 的点，它对应于不稳定的功率平衡点，如图 4.14 (a) 所示。

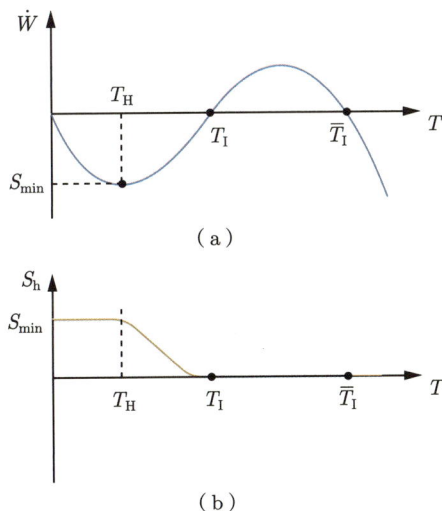

图 4.14　随着温度的变化，聚变功率与损失功率有两个平衡点，表现为 $\dot{W}$-T 上的两个零点，其中第二个即 $\bar{T}_{\mathrm{I}}$ 是稳定的（a）；对等离子进行加热的策略，功率随着温度的变化（b）

或者我们直接把功率随温度的变化画出来，如图 4.15 所示（所用参数见思考题 4.4），可以看到两个功率平衡点的存在。这个不稳定功率平衡点还是有意义的：我们只需要加热到该不稳定功率平衡点对应的温度，由于 $\dot{W}$ 为正，热不稳定性会自动驱使系统到达稳定的功率平衡点，也就是起到点火的效果。

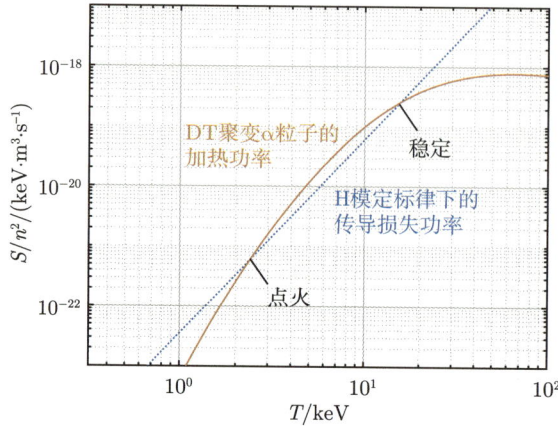

图 4.15   D-T 聚变 α 加热功率与 H 模定标律式 (4.52) 下能量损失功率的变化，可见两个交点

现在我们来考虑等离子体体系如何到达功率平衡点。显然，在低温时，内能对时间的变化率为负，等离子体内能不可能提高。解决的途径就是必须通过外部加热将 $\dot{W}$ 的曲线提到横轴上，使其处处为正。我们仍然假设密度不随时间变换，只考虑温度随加热的变化

$$3n\frac{\mathrm{d}T}{\mathrm{d}t} = -\frac{3nT}{\tau_{\mathrm{E}}} + \frac{n^2 E_{\mathrm{f}}}{20}\langle\sigma v\rangle + S_{\mathrm{h}} \tag{4.53}$$

一个工程上可行的典型加热如图 4.14 (b) 所示，即以一定的加热功率 $S_{\mathrm{h}} = S_{\min}$ 维持至 $\dot{W}$ 最负值处，然后到逐渐减小到不稳定功率平衡点。这样最低的加热功率对应于

$$S_{\min} = \left[\frac{3nT}{\tau_{\mathrm{E}}} - \frac{n^2 E_{\mathrm{f}}}{20}\langle\sigma v\rangle\right]\Bigg|_{T=T_{\mathrm{H}}} \tag{4.54}$$

式中，T_{H} 是式 (4.53) 关于 T 的极值点，或图 4.15 中两线差值极大的 T，关系为

$$\frac{\mathrm{d}}{\mathrm{d}T}\left[\frac{3nT}{\tau_{\mathrm{E}}} - \frac{n^2 E_{\mathrm{f}}}{20}\langle\sigma v\rangle\right]\Bigg|_{T=T_{\mathrm{H}}} = 0 \tag{4.55}$$

通过更加细致的计算，可知对典型反应堆 $S_{\min}V$ 的量级为 22 MW 左右，如图 4.16 所示。如果考虑更实际的情况，并考虑功率吸收的效率，对于一个工作在点火条件下的反应堆而言，外部加热功率应该在 40 MW 以上。

在上面的讨论中，通常假设等离子体遵循某一约束定标律，但在实际等离子体运行中，存在约束模式的转换。一方面，约束定标律的改善是减少装置尺寸的要求；另一方面约束模式转换也是一定外部功率注入的条件下会自然发生的现象。这时，所需的外部输入功率及相应的点火温度可能由模式转换的功率阈值决定。图 4.17 就显示了一个包含从低约束模态向高约束模态转换的聚变功率平衡关系。

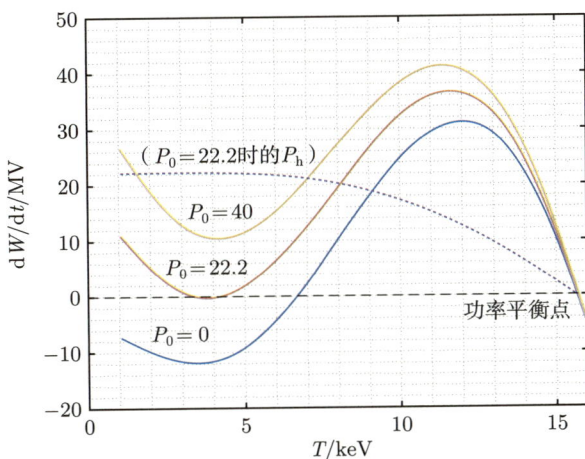

图 4.16　等离子体内能增长率 $\dot{W}$ 相对 T 在不同基准加热功率 P_0 下的曲线。还画出了当 $P_0 = P_{\min} = 22.2$ MW 时加热功率 $P_{\rm h}$ 的曲线[1]

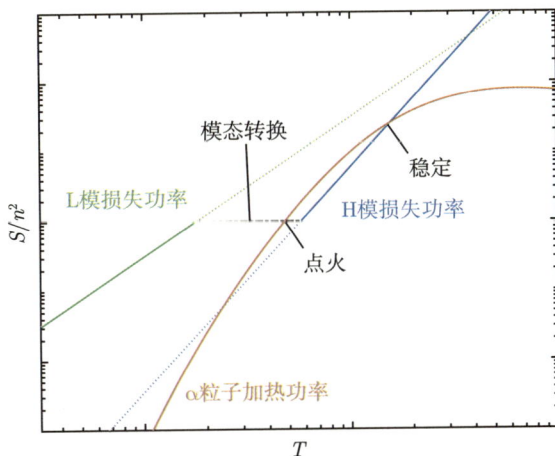

图 4.17　一种包含从低约束模态向高约束模态转换的聚变功率平衡关系示意图，其点火温度由模态转换的功率阈值决定

最后，再次指出的是本节只是从加热到点火条件来考虑最低的辅助功率，没有考虑维持约束所需的功率。这一点和之前对能量增益的讨论是类似的。

4.9　小结

本章从基于聚变反应的能源系统出发，可以得到聚变反应堆等离子体必须满足的条件。对于最易实现能源应用的 D-T 聚变等离子体而言，要求：

（1）**温度**：

$T = 10 \sim 20$ keV（用于克服库仑静电力）。

（2）约束水平：

$n\tau_{\rm E} > 1.5 \times 10^{20}\ {\rm m}^{-3} \cdot {\rm s}$（点火条件）。

或者考虑从低温区接近点火条件：

$n\tau_{\rm E}T > 3 \times 10^{21}\ {\rm m}^{-3} \cdot {\rm s} \cdot {\rm keV}$（聚变三乘积）。

（3）需要量级为几十兆瓦的外部功率：

因此，聚变研究的第一步是高温等离子体物理研究，即聚变能源要求的高温等离子体的获得及维持，其主要问题包含等离子体约束和等离子体加热。

思考题

4.1　在下列两组参数下计算聚变反应功率、轫致辐射功率、回旋辐射功率：

（1）D-T：$n = 10^{20}\ {\rm m}^{-3}, B = 6\ {\rm T}, T = 10\ {\rm keV}$；

（2）D-^{3}He：$n = 10^{20}\ {\rm m}^{-3}, B = 6\ {\rm T}, T = 100\ {\rm keV}$。

并说明回旋辐射功率的再吸收效应是如何影响聚变功率平衡实现的。

4.2　不同的热电效率对应不同的劳逊判据，请分别画出 $\eta = 0.3$ 和 $\eta = 0.5$ 时 $n\tau_{\rm E}$-T 曲线，并在同一个图中画出点火条件，说明点火条件相当于 η 等于多少时的劳逊判据。

4.3　对于不含催化反应的 D-D 聚变、半催化的 D-D 聚变、完全催化的 D-D 聚变，分别计算其点火条件。

4.4　假设一个 D-T 聚变反应堆工作在密度 $4 \times 10^{19}{\rm m}^{-3}$，离子温度 10 keV，能量约束时间 5 s，外部加热功率为 50 MW 的状态，请计算：

（1）该聚变堆输出的净热功率及净电功率（按照 40% 的热电转换效率，70% 电能到加热功率的转换效率，70% 的有效加热功率计算）；

（2）等离子体密度极大地影响着聚变堆的运行参数。假如等离子体密度在原有水平上提高了 20%，计算此时聚变堆输出的净热功率及净电功率。

4.5　假定 α 粒子功率只有一小部分能量份额 k 沉积在等离子体中，其余的 $1-k$ 流向第一壁并转化为热量。不计 T 增殖产生的热量。在典型效率：$\eta = 40\%$，$\eta_{\rm e} = 70\%$，$\eta_{\rm a} = 70\%$ 下，推导工程增益因子 $Q_{\rm E}$ 与 k 及等离子体参数 $n\tau_{\rm E}T_{\rm i}$ 的解析关系式，并分别画出 $k = 0$、0.5、1 时 $Q_{\rm E}$-$n\tau_{\rm E}T_{\rm i}$ 曲线。

4.6　在类似反应堆的条件 $B_0 = 6\ {\rm T}$，密度 $n = 10^{20}\ {\rm m}^{-3}$，大半径 $R = 6\ {\rm m}$，小半径 $a = 2\ {\rm m}$，$\varepsilon = a/R = 1/3$，拉长比 $\kappa = 1.7$，质量数 $A = 2.5$，有效电荷 $Z_{\rm eff} = 1.5$，归一化安全因子 $q^* = 1.7$ 下，分别画出 L 模和 H 模约束下 α 粒子加热功率、热传导功率损失、轫致辐射损失功率随温度的变化曲线，并得到稳定和不稳定性的功率平衡点。

$$\tau_{\rm L} = 0.037 \frac{\varepsilon^{0.3}}{q_*^{1.7}} \frac{a^{1.7}\kappa^{1.7}B_0^{2.1}A}{\bar{n}_{20}^{0.8}\bar{T}_k}\ ({\rm s})$$

$$\tau_{\rm H} = 0.28 \frac{\varepsilon^{0.74}}{q_*^3} \frac{a^{2.67}\kappa^{3.29}B_0^{3.48}A^{0.61}}{\bar{n}_{20}^{0.91}\bar{T}_k^{2.23}}\ ({\rm s})$$

式中，$\bar{n}_{20}$ 单位为 10^{20} m^{-3}；$\bar{T}_k$ 单位为 keV。

　　4.7　在无中子聚变反应中，聚变能量有潜力以更高的效率转化为电能。根据这个特点，仿照课本中对于 D-T 反应堆能量流的描述，草拟一个 D-^{3}He 反应堆能量流的框架示意图，并推导在 D-^{3}He 反应堆中工程增益因子和物理增益因子的关系。

参考文献

[1] FREIDBERG J P. Plasma physics and fusion energy[M]. Cambridge: Cambridge university press, 2008.
（FREIDBERG J P. 等离子体物理与聚变能 [M]. 王文浩, 译. 北京: 科学出版社, 2010.）

[2] WESSON J, CAMPBELL D J. Tokamaks[M]. NY: Oxford university press, 2011.
（WESSON J, CAMPBELL D J. 托卡马克 [M]. 王文浩, 译. 北京: 清华大学出版社, 2021.）

[3] LAWSON J D. Some criteria for a power producing thermonuclear reactor[J]. Proceedings of the physical society. Section B, 1957, 70(1): 6.

聚变等离子体物理初步

在第 4 章，我们了解了聚变能源的实现需要依靠燃烧高温等离子体获得，并通过功率平衡关系给出了等离子体温度、密度和能量约束时间需要满足的判据。因此，聚变研究的第一步就是高温等离子体物理研究，其根本任务是研究如何实现和维持满足聚变能源需求的等离子体。作为热核聚变研究基础的等离子体物理已经成为物理学的一个独立分支，本章最简化地介绍一下聚变等离子体物理的基本知识。

5.1 什么是等离子体

等离子体可以简单地理解为处于电离态的气体，即其组成成分为非束缚态的电子和离子，也可包含中性粒子，但高温的聚变等离子体可以认为是完全电离等离子体。之所以把等离子体称作和固体、液体、气体并列的"物质第四态"，是因为其中的长程库仑碰撞远远重要于近体的粒子碰撞，因此等离子体表现出异于气体的独特性质。

等离子体是英文 plasma 的翻译，明确给出了等离子体在宏观上呈现电中性的特点。Plasma 由美国化学家欧文·朗缪尔（Irving Langmuir）在研究气体放电时命名的，原因可能是其中的电子、离子及中性粒子可能让朗缪尔想到了血浆（blood plasma）中的血细胞，也可能是朗缪尔从 plasma 的希腊语词根（意为易于成形的东西）中得到启示，因为气体放电中电离气体可以随着放电管形状改变而呈现不同的形状。但正如 F. F. Chen 在其经典教科书中指出的，等离子体其实并不倾向于服从外部的影响，而相反地，它经常表现得像有自己想法那样。F. F. Chen 给等离子体的定义是：等离子体是由带电粒子和中性粒子组成的表现出集体行为的一种准中性气体。这个定义给出了等离子体的两个重要特征：准中性和集体行为。

准中性可以理解成等离子体对电场的屏蔽效应。先看准中性在空间尺度上的体现，当在等离子体内部引入一个电场时，自由的电子和离子（以电子为主）就会向着削弱电势的方向聚集，起到屏蔽电场的作用。这种行为被称作德拜（Debye）屏蔽 (图 5.1)，其特征长度为德拜长度

$$\lambda_D = \sqrt{\frac{\varepsilon_0 T_e}{n_e e^2}} \tag{5.1}$$

$\boxed{\lambda_D}$

德拜长度：屏蔽效应的空间标长

式中，T_e 为电子温度；n_e 为电子密度。在一个德拜长度的距离上，电势下降至 $1/e$，因此德拜长度可以作为静电场屏蔽距离的定标长度；但正负电荷的分离在德拜长度内仍是可以的，而且很容易看出其场强很大。也就是说等离子体是一个宏观上呈电中性、微观上具有强烈电性的物质状态。因此，等离子体的第一个判据就是：等离子体的尺度 L 应大于德拜长度，即

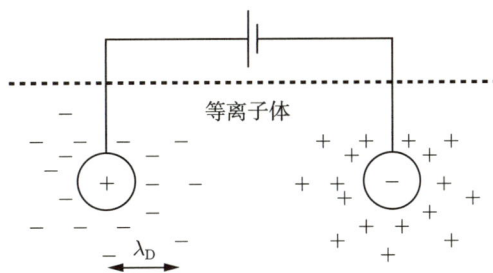

图 5.1　德拜屏蔽示意图

$$L \gg \lambda_D \tag{5.2}$$

注意德拜长度中包含着密度和温度的信息，利用式 (5.1) 可以计算得到

$$\lambda_D = 7430\sqrt{T_e/n}$$

式中，λ_D 的单位为 m；T_e 的单位为 eV；n 的单位为 m^{-3}。

可以看到，对于密度 10^{20} m^3，温度 10 keV 量级的典型磁约束聚变等离子体，德拜长度为 7.4×10^{-5} m。

再来看准中性在时间尺度上的表现。在德拜长度内当电荷出现分离时，电子的运动实际是振荡的，电场力起到了回复力的作用。其特征频率被称为等离子体频率

$$\omega_p = \sqrt{\frac{n_e e^2}{m_e \varepsilon_0}} \tag{5.3}$$

或者更明白地表示为

$$f_p = \omega_p/2\pi = 9.0\sqrt{n_e}$$

式中，f_p 的单位为 s^{-1}；n_e 的单位为 m^{-3}。

对比 λ_D 和 ω_p 的定义可以发现

$$\omega_p^{-1} = \lambda_D/v_{Te} \tag{5.4}$$

式中，$v_{Te} = \sqrt{T_e/m_e}$ 是电子热速度，也就是说 ω_p^{-1} 事实上是等离子体在电中性条件被破坏后作出反应的响应时间。因此典型等离子体的维持时间应该大于 ω_p^{-1}，即等离子体的另一个判据

$$\omega_p \tau > 1 \tag{5.5}$$

式 (5.5) 中的 τ 也可以理解为等离子体中带电粒子和中性原子碰撞的平均时间，这就意味着，等离子体中库仑力应该占支配地位，而和中性粒子的碰撞则不能太过频繁。因为 ω_p^{-1} 是等离子体在电中性条件被破坏后作出反应的响应时间，当圆频率小于 ω_p 的振荡电场施加在等离子体上时，等离子体可以来得及对这个电场进行屏蔽，因此振荡无法在等离子体中传播；只有当频率高于等离子体频率后，电磁波才能在等离子体中传播。

注意到，上面的屏蔽图像要求在德拜长度为半径的球形体积内必须有足够多的粒子数，因此典型等离子体的另一个判据是

$\boxed{\omega_p}$ 等离子体频率：屏蔽效应的时间标长

$$N_D \equiv n\lambda_D^3 \gg 1 \qquad (5.6)$$

该参数被称为等离子体参数（plasma parameter）。我们可以从相互作用的角度更深刻地理解这个判据。注意到二体库仑碰撞参数 $b_0 \sim (n\lambda_D^2)^{-1}$，因此上式可以化为

$$\lambda_D \gg n^{-1/3} \gg b_0 \qquad (5.7)$$

其意义为库仑相互作用的集体效应较之二体直接相互作用在作用范围上更占优势。如果令式 (5.5)中的时间为二体碰撞定义的弛豫时间，那么我们也可以得到

$$\omega_p \gg \nu_{ei} \qquad (5.8)$$

它表明集体效应定义的特征频率远大于碰撞频率。

物理上，正是大量处于非束缚态的带电粒子间的长程库仑作用导致了"集体效应"。在中性气体中，信息（比如场的扰动）是通过相邻粒子间的碰撞实现传递，因此只能影响到附近的粒子。而在等离子体中，通过集体的库仑相互作用，带电粒子在很远的地方也能感受到扰动的存在，这样局域少数粒子的行为迅速转化为集体行为，即产生振荡或者波。集体效应比较集中地体现在等离子体中丰富的振荡和波现象中，这也给全面理解等离子体造成了很大的困难。

我们注意到，刻画等离子体的两个主要参数是等离子体密度和温度。宇宙间 99% 以上的物质都是等离子体，但是人们并不十分熟悉等离子体，这是因为大部分的等离子体存在于空间或天体中，而日常生活中的等离子体只有闪电、辉光放电、电弧放电等例子。聚变等离子体则是实验室中人工制造的等离子体。图 5.2 给出了实验室和自然界中典型等离子体的参数，其中聚变等离子体是一种高温和较高密度的等离子体。

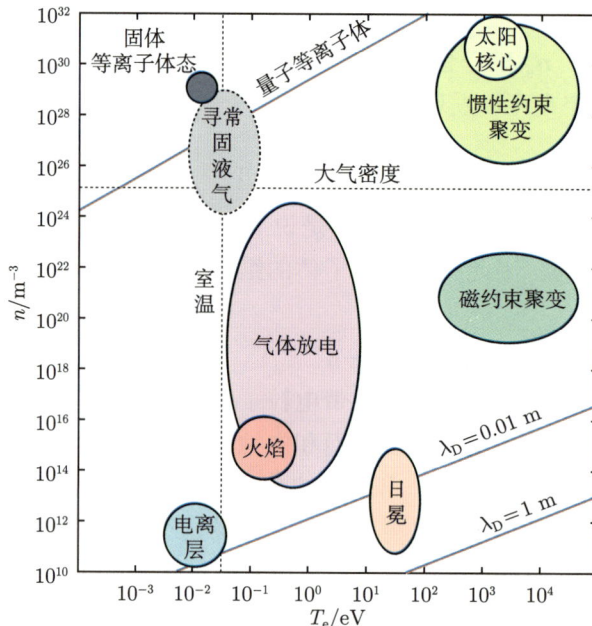

图 5.2　典型等离子体态的大致电子温度、电子密度范围（其中画虚线的是原子密度）

5.2　等离子体中的单粒子运动

等离子体是由自由的带电粒子组成的，其行为不仅取决于外加电磁场，而且也取决于等离子体内部自生的电磁场。但是我们仍然可以首先假定一个给定的电磁场，求解运动方程得到"代表粒子"的运动信息，从而对等离子体行为有所了解。

我们在考虑单粒子运动时通常不需要考虑聚变反应，甚至也不需要考虑库仑碰撞。前者毫无疑问是个频率极低的事件，而库仑碰撞的频率对于聚变等离子体而言也是很低的，远远低于粒子在电磁场中运动的特征频率。当然这只是在考虑单粒子运动的时候，如果考虑更长时间尺度下的行为，库仑碰撞对于等离子体中的输运过程，以及聚变反应产物在燃烧等离子体的自持加热行为都是极为关键的。

单独的电场对带电粒子的作用是平凡的，但磁场则不同，它带来了丰富多彩的粒子运动。频率最高的运动应该是带电粒子围绕磁力线的回旋运动，这个回旋通常被称为拉莫（Larmor）回旋（图 5.3）。回旋频率和拉莫半径为

$$\omega_{\mathrm{c}} = \frac{qB}{m} \quad , \quad \rho_{\mathrm{L}} = \frac{mv_{\perp}}{|q|B} \tag{5.9}$$

注意到，离子和电子的回旋方向相反，粒子的回旋运动所产生的磁场和原磁场相反，也就是说等离子体是抗磁性的。

如果磁场足够强使得拉莫半径远小于磁场变化的空间尺度（或者其他背景的不均匀性尺度）时，我们就可以把带电粒子的运动理解为粒子围绕回旋中心的快运动加上回旋中心的运动，因此回旋中心也被称为导向中心。显然，粒子（导向中心）在平行于磁场的方向上是不受约束的，但在垂直于磁场的方向上，导向中心会在非均匀场的作用下发生漂移。图 5.4 所示为电场（可以理解为非均匀的电势场）引起的漂移运动。从物理图像上，电场力的作用使得粒子回旋在两个半周内分别被加速和减速，不同的速度导致不同的拉莫半径，因此导向中心将向垂直于电场力的方向漂移。不仅电场力、重力、离心力等直接作用力，磁场梯度等不均匀性也能引起导心的漂移。下面给出几个重要的漂移运动速度（推导见附录 A.4.3）：

电场漂移（$\boldsymbol{E} \times \boldsymbol{B}$ 漂移）：

$$\boldsymbol{v}_{E \times B} = \frac{\boldsymbol{E} \times \boldsymbol{B}}{B^2} \tag{5.10}$$

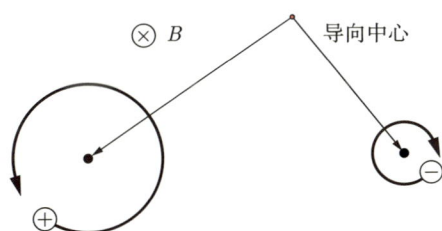

图 5.3　拉莫回旋

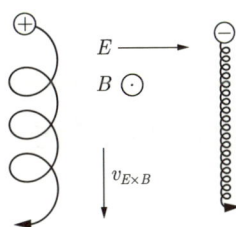

图 5.4　$E \times B$ 漂移

重力场漂移：

$$\boldsymbol{v}_g = \frac{m\boldsymbol{g} \times \boldsymbol{B}}{qB^2} \tag{5.11}$$

磁场梯度漂移：

$$\boldsymbol{v}_{\nabla B} = \frac{(-\mu \nabla B) \times \boldsymbol{B}}{qB^2} \tag{5.12}$$

磁场曲率漂移：

$$\boldsymbol{v}_R = \frac{\left(-mv_{/\!/}^2 \boldsymbol{\kappa}\right) \times \boldsymbol{B}}{qB^2} \tag{5.13}$$

用于约束等离子体发生聚变的磁场需要丰富的几何位形，那么首先要确保的一点就是，在单粒子的运动图像中带电粒子能够被有效束缚在磁场位形中。在磁场中的带电粒子由于回旋运动，将具有一种重要的物理特征，称为磁矩 $\boldsymbol{\mu}$。磁矩定义为一个载流线圈的电流乘以线圈面积，即 $\boldsymbol{\mu} = I\boldsymbol{S}$，$\boldsymbol{\mu}$ 和 $\boldsymbol{S}$ 的方向通过电流流向的右手螺旋法则确定。对于一个回旋的带电粒子，容易推出磁矩大小为

$$\mu = e\frac{\omega_{\mathrm{c}}}{2\pi} \cdot \pi\rho_{\mathrm{L}}^2 = \frac{\frac{1}{2}mv_\perp^2}{B} \tag{5.14}$$

方向与 $\boldsymbol{B}$ 相反（抗磁性）。磁矩在磁场中将拥有势能 $W = -\boldsymbol{\mu} \cdot \boldsymbol{B}$。对于缓变的外磁场（磁场变化的时空标长远大于回旋运动的时空标长）而言，例如图 5.5，磁矩受力为 $\boldsymbol{F} = -\mu\nabla B$（可参看附录 A.4.4），这可导出一个重要的结论：磁矩是一个浸渐不变量（adiabatic invariant，或译作绝热不变量/缓渐不变量），即粒子磁矩在粒子运动过程中保持不变

$$\frac{\mathrm{d}\mu}{\mathrm{d}t} = 0 \tag{5.15}$$

这对后文讨论磁场约束具有重要意义。

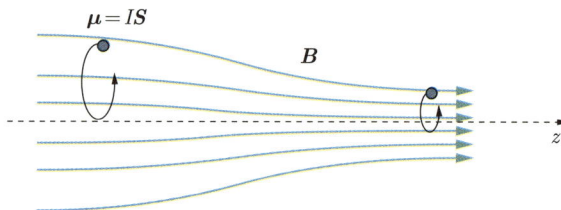

图 5.5　磁矩在缓变磁场中是浸渐不变量

5.3　作为流体的等离子体

单粒子运动无法自洽地研究等离子体和电磁场的相互作用，我们需要通过统计物理考虑多粒子体系的行为，这种方法称为动理论（kinetic theory）。但我们还有另外一条思路，

那就是采用流体的观点，把等离子体当作一个连续介质来看待，也就是说，等离子体只不过是电磁场中的导电流体罢了。在流体的图像里，粒子的行为不再表现出来，只有流体的密度、速度、温度等物理量。

原则上，这意味着等离子体中要有足够频繁的碰撞，因为统计的流体力学量只有在局域热平衡状态才有意义。这似乎和聚变等离子体中的低碰撞率相矛盾，但一方面垂直磁场方向的回旋可以起到某种碰撞热化的作用，另一方面特殊磁场拓扑使得碰撞过程的特征长度不能简单地用装置尺寸来比拟。因此在很多情况下，流体理论在聚变等离子体中还是适用的。

特别地，如果我们关注的等离子体运动的特征时间远大于离子-电子碰撞的弛豫时间，那么电子流体和离子流体也不用再区分，这样可以得到在等离子体研究中广泛使用的磁流体力学（magnetohydrodynamics，MHD）运动方程

$$\frac{\partial \rho_{\mathrm{m}}}{\partial t} + \nabla \cdot \rho_{\mathrm{m}} \boldsymbol{u} = 0 \tag{5.16}$$

$$\rho_{\mathrm{m}} \frac{\mathrm{d}}{\mathrm{d}t} \boldsymbol{u} = -\nabla p + \boldsymbol{j} \times \boldsymbol{B} + \rho_{\mathrm{m}} g \tag{5.17}$$

$$\boldsymbol{E} + \boldsymbol{u} \times \boldsymbol{B} - \frac{\boldsymbol{j} \times \boldsymbol{B}}{n_{\mathrm{e}} e} + \frac{1}{n_{\mathrm{e}} e} \nabla p_{\mathrm{e}} - \eta \boldsymbol{j} = \frac{m_{\mathrm{e}}}{e^2 n_{\mathrm{e}}} \frac{\partial \boldsymbol{j}}{\partial t} \tag{5.18}$$

式中，ρ_{m}, $\boldsymbol{u}$, p, $\boldsymbol{j}$, η 分别是磁流体质量密度、流速、压强、电流密度和电阻率。

前面两个方程分别表示连续性方程式 (5.16) 和动量方程式 (5.17)。因为准中性的存在，等离子体整体受到的电场力为零，因此方程除了有洛伦兹力外，和一般流体力学方程没有什么大的区别。

式 (5.18) 被称为广义欧姆定律，从左到右各项分别代表广义洛伦兹力、霍尔效应、电子压强效应、电阻效应和电子惯性。注意 $\boldsymbol{j} \neq q\boldsymbol{u}$，他们是两个独立变量——$\boldsymbol{u}$ 表示离子电子速度之和（质量加权），而 $\boldsymbol{j}$ 表示离子电子速度之差（电荷加权）。在 $\partial/\partial t = 0$、$\boldsymbol{B} = \nabla p = 0$ 时，广义欧姆定律退化到我们熟知的欧姆定律 $\boldsymbol{E} = \eta \boldsymbol{j}$。

能量方程可以直接使用式 (4.9)。但是考虑到聚变能的释放和损失相对于大部分流体过程来说是足够缓慢的，也可以直接用状态方程来替代能量方程。

5.4　等离子体中的碰撞和波-粒子共振

在完全电离的等离子体中，带电粒子通过库仑力相互作用。库仑碰撞的概念和截面公式已经在第 4 章给出，进而我们很容易得到热平衡等离子体中的电子-电子碰撞频率、电子-离子碰撞频率、离子-离子碰撞频率和离子-电子碰撞频率为

$$\nu_{\mathrm{ee}} = \frac{e^4 \ln \Lambda}{6\sqrt{3}\pi \varepsilon_0^2} \cdot \frac{n_{\mathrm{e}}}{m_{\mathrm{e}}^{1/2} T_{\mathrm{e}}^{3/2}} \tag{5.19}$$

$$\nu_{\mathrm{ei}} = \frac{e^4 \ln \Lambda}{12\sqrt{3}\pi \varepsilon_0^2} \cdot \frac{n_{\mathrm{i}} Z^2}{m_{\mathrm{e}}^{1/2} T_{\mathrm{e}}^{3/2}} \tag{5.20}$$

$$\nu_{\text{ii}} = \frac{e^4 \ln \Lambda}{6\sqrt{3}\pi\varepsilon_0^2} \cdot \frac{n_{\text{i}} Z^4}{m_{\text{i}}^{1/2} T_{\text{i}}^{3/2}} \tag{5.21}$$

$$\nu_{\text{ie}} = \frac{e^4 \ln \Lambda}{12\sqrt{3}\pi\varepsilon_0^2} \cdot \frac{m_{\text{e}}}{m_{\text{i}}} \frac{n_{\text{e}} Z^2}{m_{\text{e}}^{1/2} T_{\text{e}}^{3/2}} \tag{5.22}$$

这里，为了表达式更加简洁，离子-离子碰撞假设发生在同种离子之间，离子-电子间碰撞假设相对速度由电子温度决定。这些碰撞频率是用发生 90° 散射来定义的，也就是说碰撞表征了动量在其初始方向上的衰减或者弛豫，而非刚体球碰撞那样的图像。因此，由于离子惯性更大（$m_{\text{i}} \gg m_{\text{e}}$），动量方向更难改变，所以离子的碰撞频率显著小于电子的碰撞频率，可以很明显看出

$$\nu_{\text{ee}} \sim \nu_{\text{ei}} \gg \nu_{\text{ii}} \gg \nu_{\text{ie}} \tag{5.23}$$

D 等离子体（$Z = 1$）各个密度 n 和温度 T 下的碰撞弛豫时间 $\tau = \nu^{-1}$ 计算如表 5.1所示。

表 5.1　D 等离子体中诸密度 n 和温度 T 下的碰撞弛豫时间 $\tau = \nu^{-1}$

$(n/\text{m}^{-3}, T/\text{keV})$	$\tau_{\text{ee}} \sim \tau_{\text{ei}}/\text{ms}$	$\tau_{\text{ii}}/\text{ms}$	$\tau_{\text{ie}}/\text{ms}$
$(10^{19}, 1)$	0.067	5.0	120
$(10^{19}, 10)$	1.9	130	3400
$(10^{20}, 1)$	0.0072	0.54	13
$(10^{20}, 10)$	0.20	14	370

而如果从能量弛豫的角度来定义碰撞，得到的碰撞频率和动量定义的碰撞频率基本一致，唯一的差别是电子-离子碰撞和离子-电子碰撞在能量弛豫的观点上区别就不大了，都接近动量散射定义的离子-电子碰撞。那么在量级上有

$$\nu_{\text{ee}}^{\text{E}} \gg \nu_{\text{ii}}^{\text{E}} \gg \nu_{\text{ei}}^{\text{E}} \sim \nu_{\text{ie}}^{\text{E}} \tag{5.24}$$

这说明电子和离子分别可以很快独立达到热平衡，但电子和离子之间要达到热平衡需要更长的时间。由于电子和离子还常常经历不同的加热机制，因此电子和离子具有不同的温度是很普遍的现象。

上面的碰撞图像和对应公式可以描述束流加热等离子体或者二分量等离子体的温度弛豫问题。一个例外是，当离子的能量很高时，其速度 v_{b} 开始大于等离子体中的电子热速度，这时束流和背景离子和电子间的相对速度主要由束流离子的速度决定，因此碰撞频率需要修正为

$$\nu_{\text{bi}} = \frac{n_{\text{i}} Z_{\text{b}}^2 Z^2 e^4 \ln \Lambda}{4\pi\varepsilon_0^2 m_{\text{i}} m_{\text{b}} v_{\text{b}}^3} \tag{5.25}$$

$$\nu_{\text{be}} = \frac{n_{\text{e}} Z_{\text{b}}^2 e^4 \ln \Lambda}{4\pi\varepsilon_0^2 m_{\text{e}} m_{\text{b}} (v_{\text{b}}^3 + 1.3 v_{\text{te}}^3)} \tag{5.26}$$

因此，非常高能的束流将优先加热电子。这一点在燃烧等离子体中非常重要，因为它决定了聚变燃烧产生的 α 离子主要将能量转移给电子。

在磁流体的图像下，粒子之间的碰撞是系统内的相互作用，因此碰撞只是以电阻率的形式出现在广义欧姆定律式 (5.18) 中。大体上，电阻率正比于碰撞频率，即

$$\eta = \frac{m_e}{n_e e^2}\nu_{ei} = \frac{e^2 \ln \Lambda}{12\sqrt{3}\pi\varepsilon_0^2} \cdot \frac{Zm_e^{1/2}}{T_e^{3/2}} \tag{5.27}$$

可以看到，由于是电场和电流密度之间的关系，电阻率只与等离子体温度有关系，而与密度不再有关系。

更精确的电阻率计算由斯必泽（Lyman Spitzer, Jr.）给出，因此等离子体电阻率也经常被称作斯必泽电阻率，形式如下

$$\eta = 5.2 \times 10^{-5} \frac{Z \ln \Lambda}{T_e^{\frac{3}{2}}(\text{eV})} \Omega \cdot m$$

当温度 $T = 1$ keV 时，电阻率为 3×10^{-8} $\Omega \cdot m$，作为对比铜的电阻率为 2×10^{-8} $\Omega \cdot m$、铁为 70×10^{-8} $\Omega \cdot m$，可见高温等离子体是相当好的导体。

碰撞提供了同类粒子内部及不同种类粒子间的能量传递，外部注入的高能束流也可以通过碰撞增加等离子体的内能。此外，碰撞可以将直流或交变电场的能量转化为等离子体的能量。然而，随着温度的上升，碰撞频率迅速下降，因此依靠碰撞来实现能量传递的能力降低，这时一种无碰撞的机制凸显出来，它就是著名的朗道（Landau）阻尼或者说朗道共振。

1946 年，朗道在利用动理学理论研究无碰撞等离子体中的静电波时，发现如果按照正确的积分路径对速度空间积分，将导致等离子体波即使没有碰撞的存在仍然会被阻尼。其机制可以粗略地认为是波与粒子之间的共振，即 $v_{//} \sim \omega/k_{//} = v_\varphi$，这使得波和粒子之间可以进行能量交换。对于麦克斯韦分布，速度略低于相速度的粒子多于略高的，因此导致能量从波转移到粒子，致使波被阻尼，如图 5.6 所示。类似地，当电磁波与等离子体相互作用时，若满足 $v_{//} = (\omega - l|\omega_{c\alpha}|)/k_{//}$ 时，会发生回旋阻尼。朗道阻尼被称为等离子体物理最伟大的成就，它提供了一种波与等离子体在无碰撞下的能量交换机制，不仅为利用外部注入的电磁波加热等离子体提供了可能性，也被用于解释等离子体纷繁复杂的不稳定性和湍流状态。

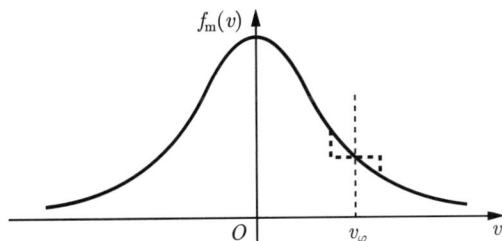

图 5.6　朗道阻尼示意图

思考题

5.1 在一幅对数-对数坐标的 $n_e - T_e$ 图上绘制出 λ_D 和 N_D 的等值线，n_e 范围为 $10^6 \sim 10^{25}$ m^{-3}，T_e 范围为 $10^{-2} \sim 10^5$ eV。然后，在这张图上标出以下点：

（1）典型的聚变反应堆：$n_e = 10^{21}$，$T_e = 10^4$；

（2）典型的聚变实验：$n_e = 10^{19}$，$T_e = 10^2$（环）；$n_e = 10^{23}$，$T_e = 10^3$（箍缩）；

（3）典型的电离层：$n_e = 10^{11}$，$T_e = 0.05$；

（4）典型的辉光放电：$n_e = 10^{14}$，$T_e = 2$；

（5）典型的火焰：$n_e = 10^{14}$，$T_e = 0.1$；

（6）典型的铯等离子体：$n_e = 10^{17}$，$T_e = 0.2$；

（7）星际空间：$n_e = 10^6$，$T_e = 0.01$。

想想，这些全都是等离子体哦！

5.2 证明磁矩在变化远慢于回旋频率的缓变磁场中是个浸渐不变量。（提示：见本章参考文献[1]）

5.3 从方程式 (5.17)，讨论约束等离子体的可能方式。

参考文献

[1] 陈凤翔. 等离子体物理学导论 [M]. 3 版. 李永东, 等译. 北京: 科学出版社, 2022.

[2] 徐家鸾, 金尚宪. 等离子体物理学 [M]. 北京: 原子能出版社, 1980.

实现受控聚变的约束途径

在前面两章的基础上，本章将介绍实现受控聚变的多种约束途径，包括主流的磁约束和惯性约束，也包括一些非主流的途径或想法。每一类约束途径中又包含许多种具体的路线方式。对于主流约束途径，在系统介绍其约束原理的同时，还会初步介绍在其发展过程中出现的关键物理问题和挑战；而对于一些未必很成熟、很严谨的可能途径，则只是以介绍其新颖的想法为主。不同途径之间、不同具体方式之间的比较是本章特别强调的，但这种比较不仅需要基于科学原理和技术基础去理解，也需要在"大科学"和"大工程"的背景下去思考。

6.1 约束的一般概念

在第 4 章讲过，聚变堆要求的等离子体约束意味着等离子体要保持足够高温度和密度的状态足够长的时间。我们可以用多种方式尝试约束等离子体。

（1）**固体壁**：事实上低温等离子体的约束手段就是用玻璃管或者金属容器，但固体壁显然不能直接约束高温等离子体，除了固体壁与等离子体接触会导致直接的热传导损失外，更关键的是壁能够承载的热通量是有限的。因此，尽管最终聚变等离子体的最外侧容器仍然是固体的壁，但是必须降至壁能够承受的低温等离子体状态。这就意味着，聚变等离子体从中心到边界一定存在一个巨大的压强梯度，这个压强梯度需要其他手段来维持。一种典型意义上的约束如图 6.1 所示。从式 (5.17)可以看到，其他项（势场力、磁场力和惯性力）原则上都可以与压强梯度项平衡，这也就提供了多种约束方式。

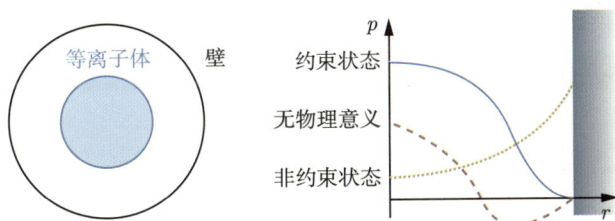

图 6.1　一种典型意义上的壁约束下的压强剖面

（2）**引力**：第 2 章已经描述了太阳是利用引力实现与压强梯度的平衡的，但它需要一个临界质量（即恒星最小质量），显然在地球上是不可实现的。

（3）**惯性**：利用外部驱动（比如强激光、强电磁辐射、离子束）在瞬间也可以实现高温高密度状态，但与内禀的引力约束不同的是，这个驱动是外加的，因此考虑到能量的得失，不可能一直依赖这个外部驱动来维持高的压强梯度。但是惯性可以限制被压缩的燃料等离子体的快速膨胀，它可以提供虽然短暂但并不为零的约束时间，提供了聚变点火的可能性。在式 (5.17)中，可以认为是惯性力和压强梯度平衡，这种情况因此称为惯性约束。但也有一种说法，认为惯性是物质自身的性质，因此惯性约束实际上是一种无约束的状态。

（4）**磁场**：磁场毫无疑问可以通过洛伦兹力和压强梯度平衡约束等离子体，这也是受控聚变研究的两个主流途径之一。

（5）**电场**：事实上，由于等离子体整体呈现电中性，电场并不能提供和压强梯度平衡的能力，即约束等离子体的可能性。实际上，电场驱动的一些聚变尝试只是束靶反应的变形，或者在惯性约束或磁场约束的框架中增加了电场的因素。

（6）**电磁场**：原则上，电磁场（比如微波）可以陷俘带电粒子从而约束低温等离子体，但对于更高压强的聚变等离子体，需要巨大的功率输入维持电磁场，因此电磁场约束并不是一个实用的途径。在某些场合，它可以以合适的方式参与磁约束或惯性约束。

在以下的各节中，我们将分别介绍磁约束和惯性约束两大主流途径，并对其他约束的想法进行简要介绍和评论。

6.2 磁约束

6.2.1 磁约束聚变原理

等离子体的单粒子运动表明，除导向中心的漂移运动外，等离子体基本上可以认为是约束在磁力线上。从磁流体力学方程式 (5.17)也可以得到，在流动不显著的条件下，洛伦兹力可以和压强梯度达到静态平衡

$$\nabla p = \boldsymbol{j} \times \boldsymbol{B} \tag{6.1}$$

从式 (6.1) 可以看出

$$\boldsymbol{B} \cdot \nabla p = 0, \quad \boldsymbol{j} \cdot \nabla p = 0 \tag{6.2}$$

这就意味着等压面和磁场所在的磁面、电流分布的电流面是一致的，或者形象地说，粒子被磁场和电流织成的网约束住了，如图 6.2 所示。

式 (6.1)结合麦克斯韦方程：

$$\nabla \times \boldsymbol{B} = \mu_0 \boldsymbol{j} \tag{6.3}$$

经过运算，可以得到等离子体在磁场中的静平衡方程（见附录 A.4.2）

$$\nabla \left(p + B^2/2\mu_0 \right) = \frac{\boldsymbol{B}}{\mu_0} \frac{\partial B}{\partial s} + \frac{B^2}{\mu_0} \boldsymbol{\kappa} \tag{6.4}$$

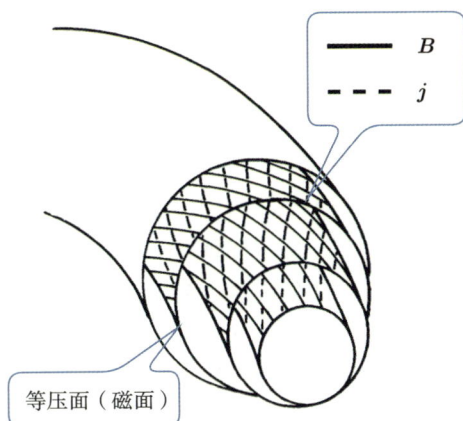

图 6.2　等压面上，磁场与电流交织成网，构成约束 $\nabla p = \boldsymbol{j} \times \boldsymbol{B}$

式中，$\boldsymbol{\kappa}$ 为磁场曲率向量；s 为磁力线弧长；$B^2/2\mu_0$ 为磁压强，方程右端为磁张力项。为了表示磁场约束等离子体的效率，定义等离子体压强与磁压强之比为比压 β，即

$$\beta = \frac{p}{B^2/2\mu_0} \tag{6.5}$$

比压表征磁场约束等离子体的能力。比压越高，说明同样强度的磁场可以约束更高的等离子体压强。不同类型的约束装置有着不同的 β 值。

　　来看看磁场约束的等离子体中允许的等离子体运动。考虑稳态的静磁平衡等离子体，把式 (5.18) 中的霍尔项用式 (5.17) 消去，可以得出

$$\boldsymbol{u}_{\perp} = \frac{\boldsymbol{E} \times \boldsymbol{B}}{B^2} - \frac{1}{ne}\nabla p_{\mathrm{i}} \times \frac{\boldsymbol{B}}{B^2} - \eta\frac{\nabla p}{B^2} \tag{6.6}$$

这里第一项是 $\boldsymbol{E} \times \boldsymbol{B}$ 漂移，在单粒子图像中就存在；第二项则是流体中所特有的，被称为抗磁性漂移，是压力梯度引起的粒子运动；第三项则代表了由于碰撞而造成的沿压强梯度相反方向的运动。可以看到，第三项会造成等离子体运动离开约束区，它实际上就是碰撞输运，而前面两项通常都是沿着等离子体边界的切向，对约束等离子体并没有坏的影响。

　　如果只有碰撞主导的输运，磁约束将会非常容易实现，但实验观测到的输运系数要比碰撞输运系数高数千倍。这是由于在环形磁场位形下以及存在等离子体和电磁场涨落的情况下，前面两项也可以造成流出等离子体区的输运，且远远大于碰撞输运水平。这点我们将在 7.4 节中详细介绍。

*

　　等离子体在磁场约束下达到平衡后，还必须考虑平衡的稳定性问题。不稳定性来源于平衡系统只是力学意义上的平衡而非热力学平衡状态。在非热力学平衡下，等离子体的自由能需要释放，而不稳定性就是一种减少自由能的宏观或者微观运动形式。等离子体偏离热力学平衡大体上有两种类型。

（1）宏观不稳定性：密度、温度、压强、电流等宏观量存在空间不均匀性，经常导致等离子体发生宏观尺度上的变形，由于这种稳定性通常可用磁流体力学方法进行研究，因此也称为 MHD 不稳定性。

（2）微观不稳定性：在速度空间上分布函数偏离平衡的麦克斯韦分布而发展出的不稳定性，由于其要用动理论进行研究又被称为动理学不稳定性。

需要指出的是，所有约束都会伴随着这样或那样的不稳定性，但并不都是所有的不稳定性都具有同等危险性。一般而言，只有快速导致等离子体整体失去平衡的不稳定性才是最危险的。磁约束的静态平衡是压强和磁场（即电流）之间的平衡，因此最危险的磁流体力学不稳定性正是由压强梯度驱动和电流驱动的。

交换不稳定性

由压强梯度驱动，可用平均最小磁场位形致稳

压强梯度驱动的不稳定称作交换不稳定性，因为不稳定性是平衡状态时等离子体和磁场（真空）相互交换区域而发生的。类比来说，就像普通流体力学中的瑞利-泰勒不稳定性，即重力场中轻流体支撑重流体的平衡是不稳定的。等离子体中有类似的问题，在等离子体压强和磁压强的平衡中，磁场相当于轻流体，等离子体是重流体，因此重力场中磁场支撑等离子体的平衡是不稳定的。图 6.3 给出这种不稳定性的示意。在初始扰动产生的界面上，离子和电子的重力场漂移方向相反从而产生电荷积累，形成电场导致的电场漂移将会增加初始的扰动。可以看到，这个不稳定机制的图像中最本质的机制是漂移引起的电荷分离。

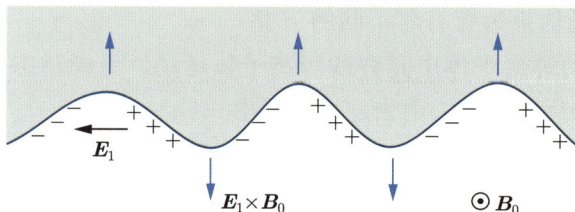

图 6.3　交换不稳定性示意图

因此，如果漂移运动方向与电荷符号相关（回顾式 (5.11)~式 (5.13)）就会引起电荷分离，而其中磁场弯曲引起的漂移对于磁约束等离子体尤其重要，其大小比重力漂移更加显著。如图 6.4 所示，粒子沿磁力线运动时受到的离心力场与重力场类似。如果磁力线凹向等离子体，那么等离子体是不稳定的，这种情况称为坏曲率；反之凸向等离子体，等离子体就是稳定的，这种情况称为好曲率。

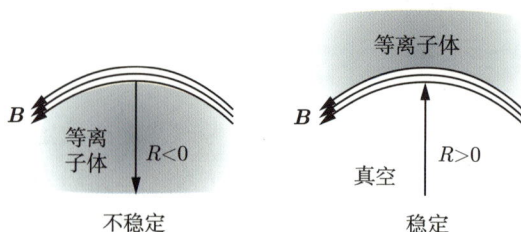

图 6.4　好曲率与坏曲率示意图

考虑磁场曲率和磁场梯度的关系，好曲率的区域也是磁场较小的区域，因此交换不稳定性的稳定条件也被称作最小磁场条件。在实际的磁场位形中，并不能做到处处都满足最小磁场条件。考虑到等离子体沿磁力线方向的快速运动，等离子体整体交换稳定的条件就是要形成平均最小磁场位形。平均最小磁场位形可以确保整体的交换模稳定，但局部的交换不稳定性（例如气球模）仍然会发生，这限制了等离子体的比压。

另外一类最危险的不稳定性是电流驱动的扭曲不稳定性。考虑这样一种平衡：等离子体柱携带的电流 I_z 产生磁场，载流的半径为 a 的等离子体柱受到向内箍缩的洛伦兹力可以和等离子体压力达到平衡，或者说磁压强和热压强达到平衡（这是后文中要介绍的 Z 箍缩位形）。但是这种平衡是不稳定的，最低阶的不稳定性是下面两种被称作腊肠型（$m=0$）和扭曲型（$m=1$）的不稳定性，如图 6.5 所示。更高阶的扭曲不稳定性可以导致等离子体像麻花一样扭在一起。

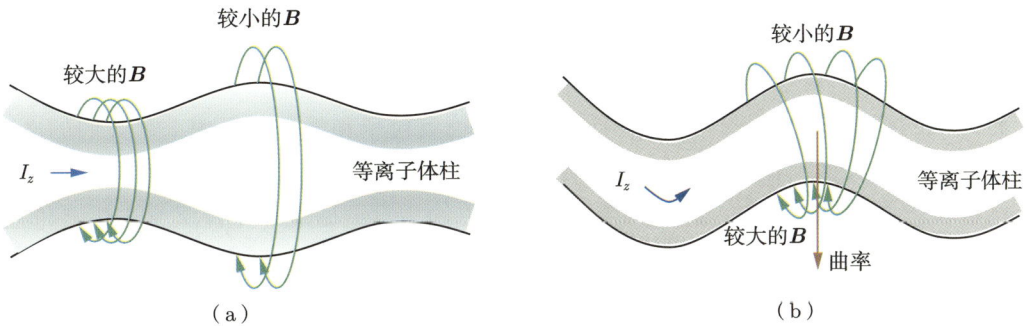

图 6.5　腊肠不稳定性（a）和扭曲不稳定性（b）示意图

（1）腊肠型不稳定性：假定等离子体柱经历一个变细的径向扰动，由于截面总电流不变，径向变细的地方磁场 B_θ 增加，增大的外部磁压强压缩使等离子体柱变得更细，形成了正反馈，这就是不稳定性。其结果是等离子体柱变形成一串腊肠的样子，因此称为腊肠不稳定性。

（2）扭曲型不稳定性：等离子体柱发生弯曲扰动后，凹侧的 B_θ 磁力线更密集，意味着磁场更强，而外侧磁场更弱，这会使扭曲扰动进一步发展，导致了不稳定性。

腊肠型和扭曲型不稳定性可以通过在等离子体电流方向添加一个强磁场 B_z 来解决。当等离子体柱被压缩或者扭曲时，B_z 也被同时压缩或者扭曲，从而产生反向的、消除形变的磁压力或者磁张力。

（1）腊肠不稳定性的致稳：径向变细的地方，由于磁通一定，内部的 B_z 磁压也会变大，抵抗了外侧变大的 B_θ 磁压。致稳条件为 $B_z^2 > B_{\theta a}^2/2$。

（2）扭曲不稳定性的致稳：等离子体柱以波长 λ 弯折的地方，内部的 B_z 也会产生磁张力合力，抵抗外侧 B_θ 的合力。致稳条件为 $B_z^2/B_{\theta a}^2 > \ln(\lambda/a)$。

反过来说，在纵场 B_z 确定的条件下，腊肠型和扭曲型不稳定性（及其他电流驱动的不稳定性）限制了等离子体电流。

总括地说，对各种的直圆柱扭曲模，基本都可以用强磁场 B_z 来致稳，分析可以得到一个总的稳定性判据，称为 K-S（Kruskal-Shafranov）判据：

$$\frac{B_z}{B_\theta} > \frac{L}{2\pi a} \tag{6.7}$$

式中，L 是等离子体柱的长度；a 是柱半径，它表示磁力线的螺距必须大于柱长度 L。如果柱首尾相接变成环形（大半径 R）且环径比大（$R \gg a$），就有 $L = 2\pi R$：在后文我们将看到，这就是托卡马克位形至关重要的安全因子 q 判据。

*

在稳定的磁约束实现后，需要等离子体加热以达到聚变条件。在磁约束聚变装置中，加热手段主要有欧姆加热、波加热和中性束注入加热，但最终的反应堆将依靠粒子的自持加热。关于这部分内容，我们将在第 7 章就具体的约束形式进行更为详细的讨论。

6.2.2　磁约束位形分类

磁约束的核心要义是设计磁场的几何位形来约束粒子和能量。历史上，人们创造出了各种各样的磁场几何，也提出了多种磁约束方法。下面我们尝试从两种思路来对多种磁约束方法进行分类梳理。首先，从上一节我们知道磁约束需要磁场和电流叉乘产生洛伦兹力。磁约束位形可以从磁场的来源进行分类。

（1）如果这个磁场完全来自等离子体中的电流，那么称其为自组织的约束状态。最早的箍缩类装置就是典型代表。紧凑环中的球马克、场反位形也可以归于以自组织为主的约束方式。自组织的约束方式通常具有较高的比压，但稳定性限制了其存在时间及等离子体参数的提高。

（2）如果提供磁约束的磁场主要来自等离子体外部电流，通过提高稳定性，尤其是高功率加热下的稳定性，可以达到更高的等离子体参数，但磁场的约束效率不会太高。典型的例子是仿星器、磁镜、偶极场等，其中的电流完全由外部线圈产生。托卡马克大体上也属于该类型，虽然等离子体自身的电流在约束中起重要作用，但其主要约束磁场由外部线圈产生。

其次，可以从磁场的拓扑性质分类，可以分为开放型磁位形和封闭型磁位形。

（1）开放型磁位形的典型例子是磁镜，早期的箍缩装置、最小场、会切场等都属于开放型的磁场位形。在开放型磁位形中，粒子沿着磁力线的开端损失是物理上固有的问题。

（2）封闭型磁位形中最简单的拓扑就是环形，大部分磁约束装置的约束区都是环形磁场。仿星器和托卡马克都属于这一类型。

几十年的聚变研究中涌现出了几十种不同类型的磁约束装置，不同种类的装置尽管未必可以成为聚变反应堆的最终选择，但它们或从物理上或从技术上拓宽了人们对于磁约束聚变等离子体的认识。磁约束装置的简单分类如图 6.6 所示，从下节起我们介绍几种典型的磁约束形式。

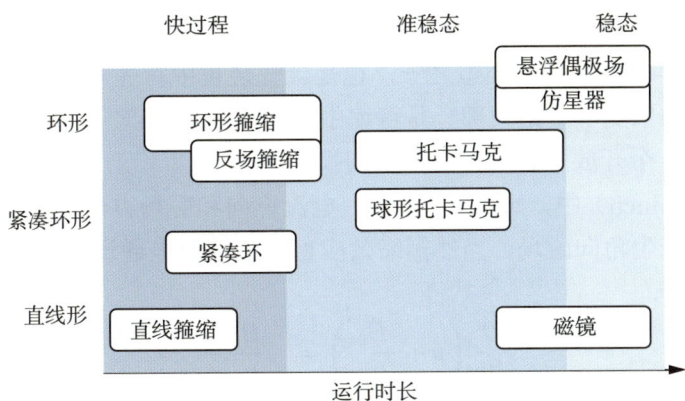

图 6.6　磁约束聚变类型在位形-时间平面上的分类（修改自文献[4]）

6.2.3　箍缩位形

θ 箍缩（θ-pinch），如图 6.7 所示，是指利用角向电流产生直线磁场和反向感应电流，通过洛伦兹力约束等离子体的一种方式。这是最简单的一种磁场形态，磁场平直没有磁张力，其平衡方程为

$$\frac{\partial}{\partial r}\left(p + \frac{B_z^2}{2\mu_0}\right) = 0 \tag{6.8}$$

右端等于零，或者说热压强与磁压强之和为常数。由于角向电流不便使用固体电极击穿形成，因此多采用外部电流感应的方式，如图 6.7 所示，强脉冲电流在等离子体中感应出角

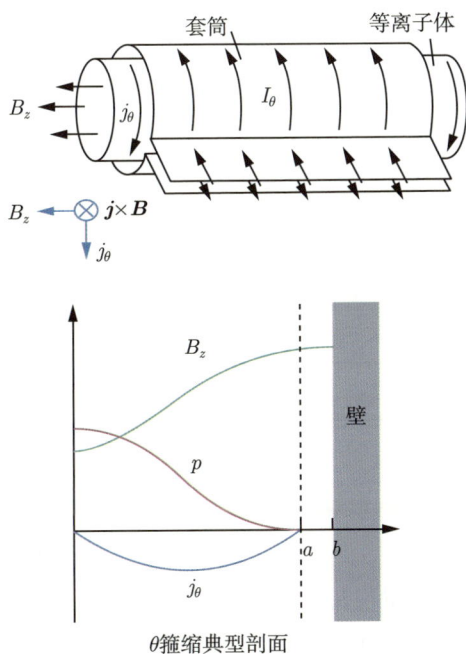

图 6.7　θ 箍缩

67

向电压，击穿等离子体并驱动角向电流，产生轴向磁场，压缩放电通道向轴心运动并约束之。角向箍缩是最早的聚变装置类型之一，也是聚变装置中首先观察到聚变中子的装置类型之一。不过其中的聚变中子绝大部分是箍缩中的快离子对撞产生，不是典型的热核聚变。此外，角向箍缩是一个开放型磁场位形，轴向损失巨大。

在 Z 箍缩（Z-pinch）中，如图 6.8 所示，电流方向和磁场方向与 θ 箍缩正好相反，是在轴向产生电流，产生角向磁场，当然箍缩效应也是压缩放电通道向轴心运动并产生约束，其平衡方程为

$$\frac{\partial}{\partial r}\left(p + \frac{B_\theta^2}{2\mu_0}\right) = -\frac{B_\theta^2}{\mu_0}\frac{1}{r} \tag{6.9}$$

通过分部积分可得

$$\langle p \rangle = \frac{B_{\theta 0}^2}{2\mu_0} \tag{6.10}$$

因此等离子体平均压强由外部真空处的磁压强 $B_{\theta 0}^2/2\mu_0$ 完全决定。Z 箍缩显著的优点就是可以利用电极放电，技术上简单清晰，磁场是环向封闭的。但其缺点也很明显：电极放电容易引入杂质；更关键的是，Z 箍缩的等离子体是扭曲不稳定的，因此放电通道会形成腊肠状或扭曲状褶皱甚至断裂。

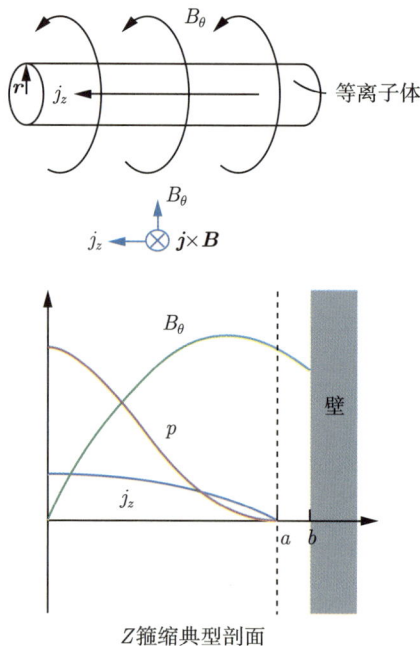

图 6.8　Z 箍缩

为解决终端损失，可以将箍缩装置做成环形，环形箍缩可以是 Z 箍缩，也可以是 θ 箍缩，还可以将 Z 箍缩和 θ 箍缩结合起来，就形成了螺旋箍缩。当环向磁场远超过角向场时，其位形已经和后面要讲的托卡马克位形很接近了。但不同的是，箍缩装置的磁场主要由其

自身电流产生，因此本质上是个快速过程。但是在环形箍缩发展过程中，人们意外地发现了一种自然弛豫的状态。在这种状态下，边缘处的环向场与中心处的环向场具有相反的方向，而角向场与环向场强度接近，边缘区形成的强磁场剪切对于磁流体不稳定性有抑制作用，同时实验发现这种湍流主导的弛豫态可以具有良好的约束性能。这种约束的位形被称为反场箍缩（reversed-field pinch, RFP），如图 6.9 所示。在目前实际的反场箍缩装置中，一般都不再是由等离子体自发演化产生反场模式，而是通过程序放电的方法建立反场。在后续的研究中，人们还发现通过提高电流及控制电流分布等手段，在反场箍缩装置中可以实现准单螺旋态等先进运行模式，进一步提高了能量约束水平。同时由于等离子体中存在丰富的自组织非线性等离子体物理，因此反场箍缩装置在全世界的研究还相当活跃，我国也在近期建设了"科大一环"（KTX）反场箍缩装置。反场箍缩使得箍缩装置向着稳态运行的模式发展，但稳态下其电流驱动仍然是个大问题，这一点在所有利用等离子体自身电流构建约束场的方式中都存在。

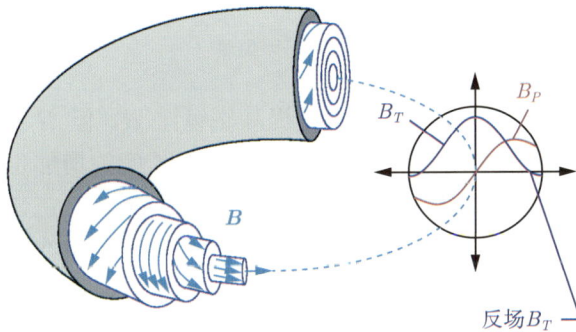

图 6.9　反场箍缩（RFP）的位形与磁场剖面

6.2.4　磁镜和最小场

磁镜（magnetic mirror）是另一种具有悠久历史的磁约束装置。它是一种典型的开放型磁位形，最简单的磁镜就是一个两端磁场强、中间磁场弱的轴对称磁位形，如图 6.10 所示。形象地说，就是把"一把磁力线"在两端用线圈"扎紧"。由于磁矩 μ 的守恒性（见第 5 章），带电粒子在从弱磁场向强磁场运动时，垂直能量随磁场线性增加；由于能量守恒，平行方向能量逐渐减小，当平行速度减为零时就被俘获（trapped）。在磁镜位形下，带电粒子只能在其中心区域来回反射了，这就是磁镜约束的基本原理。

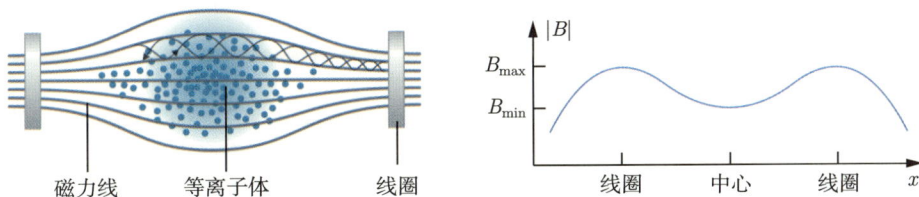

图 6.10　磁镜及其磁场剖面

磁镜最核心的参数就是磁镜比 $R = B_{\max}/B_{\min}$ ，磁镜比越大，约束的粒子份额就越高。但是作为开放型磁位形，沿着磁力线的损失是不可避免的。当粒子垂直速度分量足够小时即落入所谓"损失锥"，

$$\frac{v_\perp}{v} < \sqrt{1/R} \equiv \sin\theta_0 \tag{6.11}$$

如图 6.11 所示。在速度空间进入损失锥的粒子不能被磁镜反弹而损失掉。损失锥一方面直接导致粒子的损失，另一方面，俘获区内的等离子体也由于速度不再是麦克斯韦分布而引起强烈的不稳定性，被称为损失锥不稳定性。

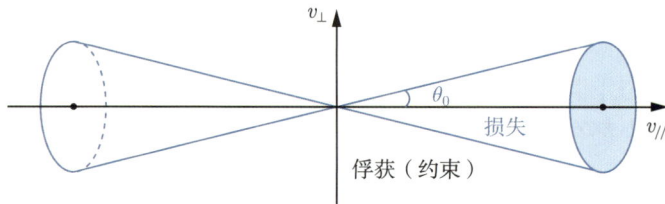

图 6.11 损失锥

为改善磁镜约束，可以有几条思路。一是提高磁镜比 R，但 R 的提高是有限的，而且中心区域磁场过弱不利于径向约束。二是增加长度，但长度的增加也是有限的。初步的计算表明，如果要实现聚变，磁镜长度可能至少要数千米的量级。三是利用位形结构或者加热手段改变粒子速度分布，进而降低终端损失。例如，可以利用在端部增加静电势垒进一步反射离子；也可以利用回旋波加热提高垂直能量占比从而将粒子推出损失锥等手段。

把这些改善约束的思路综合考虑，就形成了串列磁镜的概念，如图 6.12 所示。但在历史上，由于托卡马克等具有更好约束性能的磁约束位形的出现，磁镜的研究大大放缓。近年来，考虑到中子源用途或者基于先进燃料反应的聚变能量直接转换，磁镜开始重新受到重视。但从设计上，磁镜开始回归更加简单对称的理念。

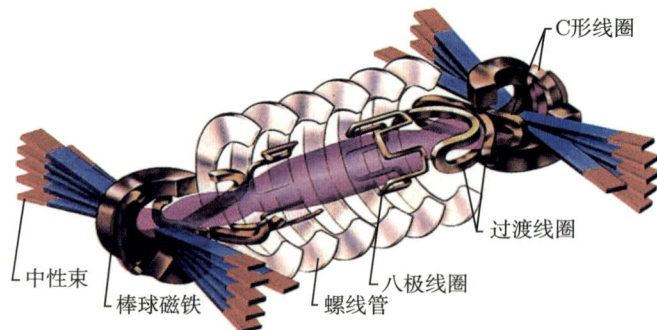

图 6.12 串列磁镜

（资料来源：陈凤翔. 一个不可或缺的真相——聚变能源如何拯救地球 [M]. 何木芝，译. 北京：科学出版社，2020. 图 10.25. 英文版为："A Livermore drawing. See, for instance, Richard F. Post, Thoughts on Fusion Energy Development, Fusion Power Associates Meeting, Livermore, CA, December 2008." 一个相似的图可在 https://fire.pppl.gov/fpa09_Mirror_Simonen.pdf 找到，更早的见于 Dolan T J. Fusion Research: Principles, Experiments and Technology[M]. Elsevier, 1982. Fig. 11A3.）

沿着磁场方向看，磁镜是把等离子体约束在磁场较小的区域。但从垂直磁场的径向来看，等离子体还没有约束在磁场较小的区域；或者等价地说，磁镜中心区域为坏曲率区，因此它是交换不稳定的，最低阶的体现就是槽纹不稳定性。因此，在磁镜发展早期，人们就提出了最小场（minimum-field）约束的概念，如图 6.13 所示。最简单的最小场就是会切场。只要令磁镜两端线圈的电流反向，就会产生会切场。更复杂地，可以把会切场和磁镜的概念结合起来，就诞生了诸如约飞棒、垒球线圈、阴阳线圈以及多级场等各种位形。但是，从根本上，开端系统的端部损失仍然是存在的，另外，在会切场中心磁场非常弱的地方，拉莫尔半径增大，磁矩不再是个不变量，因此最小场约束的物理条件就失去了。不过会切场的概念对于磁约束聚变发展还是非常有价值的，比如将约束区与粒子排出区分开的性质在后来的偏滤器设计中被采用。

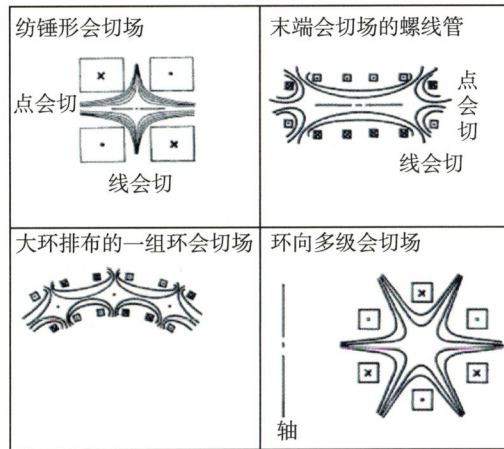

（a）

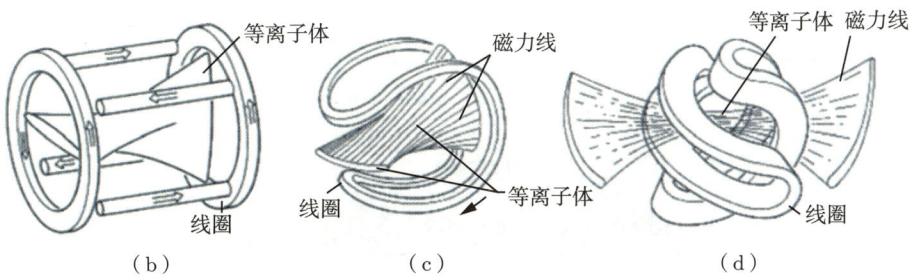

（b）　　　　　　　（c）　　　　　　　（d）

图 6.13　最小场约束

（a）多种会切[5]；（b）约飞棒；（c）垒球线圈；（d）阴阳线圈[4]

6.2.5　仿星器

前面几节我们讲了开放式的磁约束位形，开放位形显著的问题就是开端损失。角向箍缩和磁镜都是开放型磁位形，因此开端损失不可避免。为了去掉开端，将磁场首尾相连形成一个环，是一个非常自然的想法。事实上，历史上第一个关于聚变的专利就是利用环向磁场实现聚变的。

但是，环位形也会出现其特有的问题。挽成环之后，磁场无论如何都不再平直，而具有了曲率和梯度，这将导致粒子发生漂移（详见附录 A.4.3）。

$$\boldsymbol{v}_R = \frac{m}{qB}\left(v_{//}^2 + \frac{1}{2}v_\perp^2\right)\frac{\boldsymbol{R}_c \times \hat{\boldsymbol{b}}}{\boldsymbol{R}_c^2} \tag{6.12}$$

式中，$\boldsymbol{R}_c$ 是磁场线的曲率半径向量；$\hat{\boldsymbol{b}}$ 是磁场方向矢量。可以发现，当粒子沿着磁力线环向流动时，这个漂移运动的方向是恒定竖直方向的！这将导致粒子在竖直方向不断偏离原本的约束，如图 6.14 所示。更糟糕的是，这个偏离方向还对正负电荷相反——这将导致电荷分离而建立起静电场，而这竖直的静电场又会引发水平向外的 $\boldsymbol{E} \times \boldsymbol{B}$ 漂移，导致粒子在水平方向也不断偏离原本的约束。总之，这种简单的环位形是不能有效约束等离子体的，需要引入更复杂的几何位形。

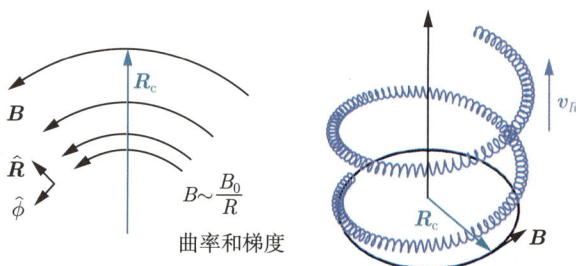

图 6.14　环位形下粒子持续的垂直漂移

一般而言，我们需要磁场在沿着环向的同时，在其截面上不断旋转角度，也就是具有极向分量 B_θ，这种性质被称为磁场的回转变换。如图 6.15 中，ι 即为磁力线在围绕主对称轴的同时围绕磁轴的回转变换角。粒子顺着磁力线流动时，就一会儿向外漂、一会儿向内漂，平均一圈下来就维持住了原本的位置；就算有正/负粒子在顶/底堆积，也有旋转着的磁力线把顶部和底部连接起来，就像一个泄压管一样让堆积的电荷中和掉。

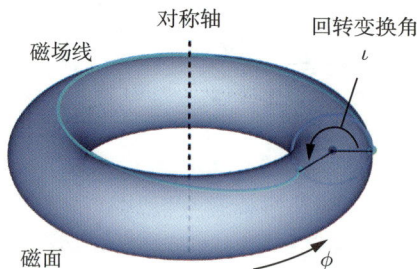

图 6.15　具有回转变换的磁场

简单地说，环位形的设计主要就在于如何让磁场扭起来。全靠外线圈的就是仿星器，像 Z 箍缩那样用等离子体电流产生 B_θ 的就是托卡马克，下面我们将详细介绍。

仿星器（stellarator）是美国科学家斯必泽提出的一种概念，其命名意义非常明显，希望可以像星体一样产生持续的聚变能。它的基本思想是通过扭曲使得约束区的坏曲率区（弱磁场侧，或者说环的外侧）和好曲率区（强磁场侧，或者说环的内侧）连接起来。斯必泽最初设计的仿星器位形非常简单并有启发性，它直接将环形场以及约束等离子体的真空室在空间上扭曲成一个上下重叠的 8 字形，如图 6.16（a）所示。这样一个粒子在沿着磁场环绕一周时，会先后经过环的内侧和外侧，正如一个蚂蚁在莫比乌斯环上行走一样。这个极向回转使得环漂移只是造成一个径向上的偏心，而不会直接漂出约束区域。

但是这种最初的仿星器构型显然是一种理想化的概念型设计，因为存在粒子尚未沿环向走完一周就漂移出约束区的可能性。因此，环向线圈加上螺旋绕组的方案被提出，环向排布的线圈产生环向磁场，螺旋绕组则使得磁场沿角向持续扭曲，这种设计被称为标准仿星器，如图 6.16（b）所示。每对螺旋绕组电流方向相反，因此从小截面看呈现多极场位形，因此等离子体截面不再是圆形，而是呈现角向的周期结构。

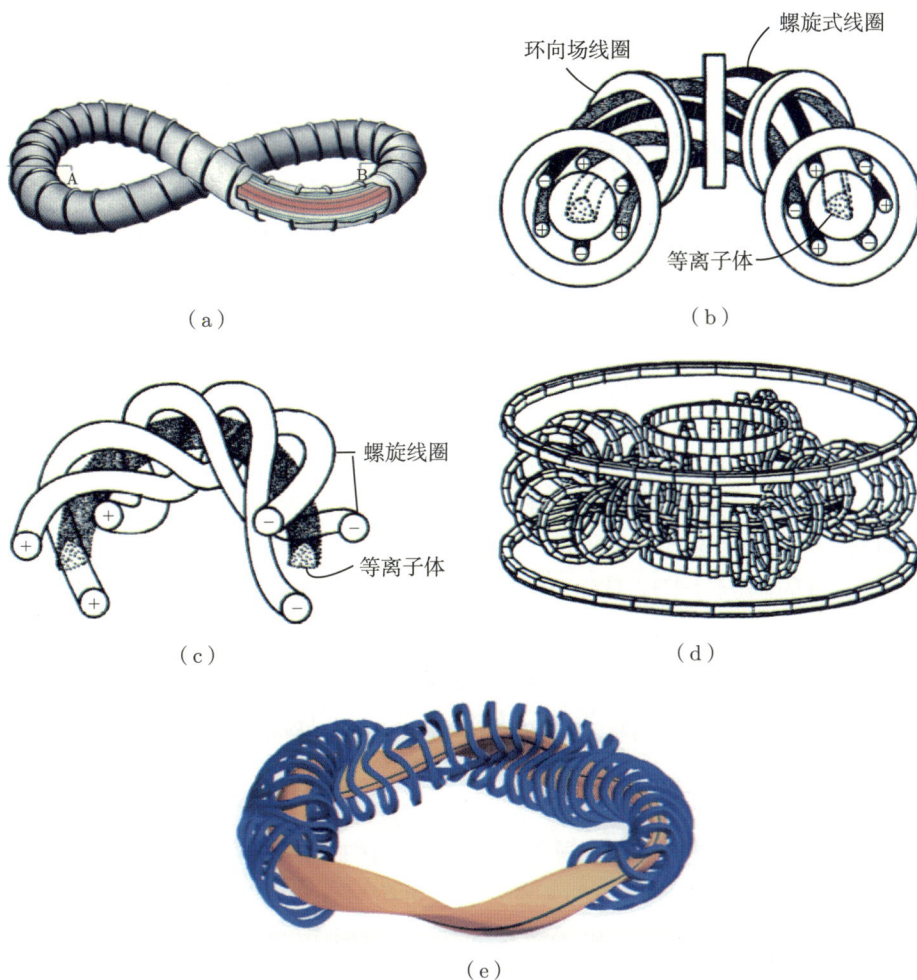

（a）

环向场线圈　螺旋式线圈

等离子体

（b）

螺旋线圈

等离子体

（c）

（d）

（e）

图 6.16　仿星器的各种构型[5]

（a）8 字形仿星器；（b）标准仿星器；（c）扭曲器；（d）螺旋磁轴装置；（e）模块化仿星器

图 6.17 给出了不同极向模数 l（对应螺旋电流绕组对数）下的截面形状，和简单的多级会切场不同，极向磁场为零的点出现在约束等离子体的边界，称为分界点（separatrix）。同时由于螺旋场的出现，等离子体在环形也不再对称，同样呈现一定的周期结构。总体上仿星器是一种非轴对称，但螺旋对称的位形。在直线近似下，仿星器上的磁场可以表示为

$$B_r = lb_l I_l'(l\alpha r) \sin[l(\theta - \delta\alpha z)]$$

$$B_\theta = \frac{1}{\alpha r} lb_l I_l(l\alpha r) \cos[l(\theta - \delta\alpha z)] \qquad (6.13)$$

$$B_z = B_0 - \delta lb_l I_1(l\alpha r) \sin[l(\theta - \delta\alpha z)]$$

式中，(r, θ, z) 是柱坐标系；B_0 为环形场线圈产生的纵向磁场强度；b_l 为螺旋场强度；l 为角向模数；$\delta = \pm 1$ 表示旋向；α 表示螺距。

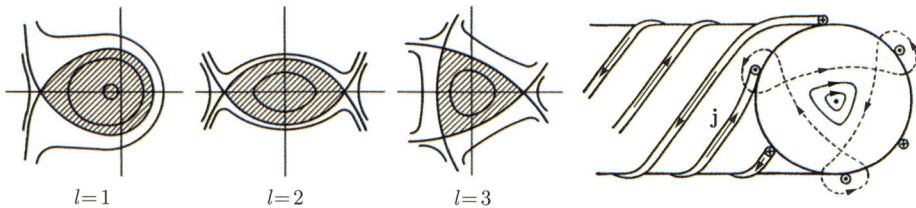

图 6.17 仿星器不同极向模数 l 下的等离子体截面，以及 $l = 3$ 下的位形示意图[7]

标准仿星器一个突出的缺点就是线圈互相嵌套，因此在工程上极不方便。人们为此考虑了很多方法予以改进。其中一种方法是用一组螺距更短、同一方向电流的螺旋线圈替代环向场线圈和螺旋线圈，这样的位形称为扭曲器（torsatron），如图 6.16（c）所示。另一种方案则干脆不再追求外观上的轴对称性，环向场线圈的中心不再位于一个平面的圆周上，而是排列摆布在一个螺旋线上，这样的位形称为螺旋磁轴装置（hilas），如图 6.16（d）所示。显然，扭曲器的制造对于加工有极精确的要求，而螺旋磁轴装置则完全没有轴对称的便利。

为了进一步优化仿星器工程技术，提出了先进仿星器或者模块化仿星器的概念，如图6.16（e）所示。每个模块的设计都是三维的，可以产生环向和螺旋分量。这样的单个线圈形状更为复杂，但彼此独立地沿轴向排布，为制造、安装和维护带来极大的便利。目前世界上最大的仿星器 W7-X 就是采用了模块化的设计。

仿星器等离子体内部由于不存在总的环向电流，因此从机制上消除了电流驱动的扭曲类不稳定性。此外，不需要环向电流的驱动，也使得仿星器具有天然的稳态运行的优势。不过仿星器由于不再具备轴对称性，磁场波纹度高，等离子体由于碰撞造成的径向输运比较强，这对等离子体的约束是不利的。但这种约束性能的降低可以通过设计尽可能优化。最常见的优化是准对称设计或者准等磁线设计，准对称设计又包括准螺旋对称、准力线对称和准环对称。比如 W7-X 就是采用了准力线对称设计，而我国目前正在建设的准环对称仿星器（CFQS）则采用了准环对称。从目前看，仿星器可以达到和托卡马克接近的约束水平。

随着高精度的三维加工技术的发展，仿星器在未来聚变堆发展中可能有很大的竞争力。

6.2.6　托卡马克

托卡马克（tokamak）和仿星器都是环拓扑的约束装置，但和仿星器不同的是，托卡马克是轴对称装置，磁体、真空室和其中的等离子体都是轴对称的，如图 6.18 所示。托卡马克是依靠环向电流产生的极向磁场将环形磁面上的坏曲率区（弱磁场侧，或者说环的外侧）和好曲率区（强磁场侧，或者说环的内侧）连接起来，也就是说在托卡马克中，等离子体是不扭曲的平滑甜甜圈形，只有磁场是螺旋的。

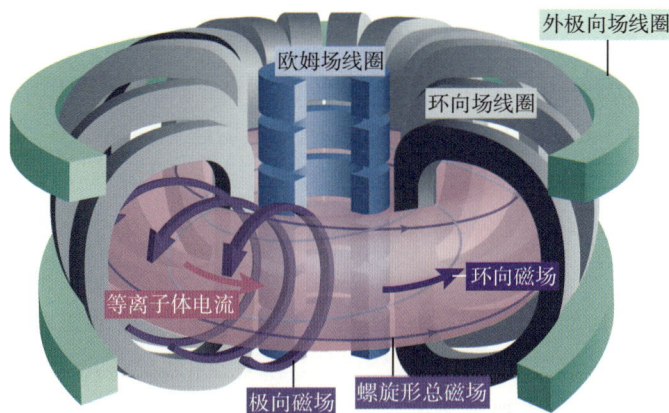

图 6.18　托卡马克示意图

（资料来源：Ham C, Kirk A, Pamela S, et al. Filamentary plasma eruptions and their control on the route to fusion energy[J]. Nature Reviews Physics, 2020, 2(3): 159-167. Fig.1.）

托卡马克这个名字音译自俄语 Токамак，是"环形 тороидальная""真空室 камера""磁场 магнитными""线圈 катушками"四个俄语词汇的字头缩写。其最突出的特点是存在环向等离子体电流，所以将其意译成"环流器"也是非常贴切的，核工业西南物理研究院的"中国环流 3 号"装置就是这样命名的。从磁体结构上，托卡马克包含三组线圈：

（1）环向场线圈，它产生约束的主要磁场；

（2）欧姆场线圈，或称中心螺线管，它通过电磁感应驱动等离子体电流以加热等离子体和产生极向磁场；

（3）外极向场线圈，或称垂直场线圈、平衡场线圈，它维持等离子体环在水平面上的平衡。

环向场线圈自不必说，它产生最主要的环向磁场对等离子体形成约束，而磁场回转变换所需的极向磁场则由环向等离子体电流提供。这个环向的等离子体电流不能由电极驱动，而是通过电磁感应产生——这就是中心螺线管的作用。中心螺线管磁通发生变化，在等离子体环中感应出电动势，从而驱动等离子体电流。因此也可以把托卡马克看作一个变压器，初级线圈是中心螺线管，次级线圈是等离子体环。同时，这个电流还起到了欧姆加热、提高等离子体温度的作用，可谓一举两得。托卡马克的平衡可以理解为载流等离子体柱的径向平衡，这个平衡和包含轴向磁场的 Z 箍缩等离子体柱平衡是类似的；但由于载流的等离子体环会有向外膨胀的趋势，因此需要垂直方向的场施加给载流等离子体一个向内的力以保持平衡。在大中型托卡马克中，考虑热和离子的排出以及与等离子体约束的兼容，装置还会安装偏滤器线圈，从而在等离子体边缘构造和仿星器类似的分界点结构。关于这一点，在后面的章节还会提及。

对于"托"卡马克这种"托"（toroidal，环状的）形的系统，我们常用环坐标来描述，如图 6.19 所示。在这种坐标系下，磁场可表示为（参见附录 A.4.5）

$$\boldsymbol{B} = \boldsymbol{B}_\theta + \boldsymbol{B}_\phi = \nabla\psi \times \nabla\phi + I\nabla\phi \tag{6.14}$$

式中，ϕ, θ 分别为环形和极向坐标；ψ 为磁面量，即磁力线位于其上的面，在数值上正比于极向磁通；I 被称为励磁项，决定了环向磁场的大小。在大环径比、圆截面、低比压下，磁面简化为同心圆筒，磁场可以用下面的标准模型磁场近似描述

$$\boldsymbol{B}(r,\theta) = B_0 \left(\frac{r}{qR_0}\boldsymbol{e}_\theta + \frac{R_0}{R_0 + r\cos\theta}\boldsymbol{e}_\phi \right) \tag{6.15}$$

式中，r 可以直接表征磁面方向和大小；B_0 为磁轴（$r=0$）处的磁场；q 为安全因子。

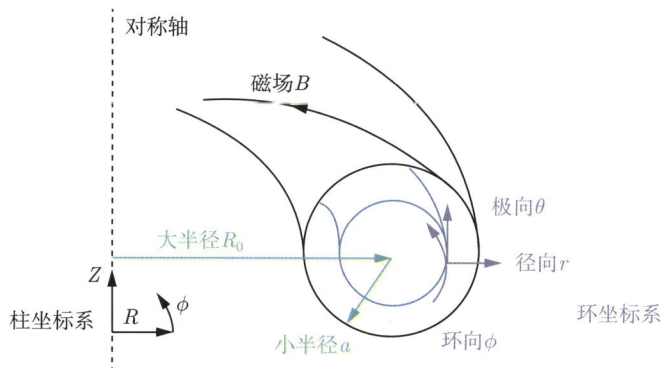

图 6.19　环坐标系示意图

等离子体稳定性限制了等离子体电流和等离子体压强的运行空间。过大的等离子体电流会导致载流等离子体的外扭曲模不稳定，其稳定条件可以由安全因子表征。可以看到，安全因子实际上是磁场回转变换的另一种表示形式，$q = 2\pi/\iota$。在大环径比条件下 $q = rB_{\mathrm{T}}/RB_{\mathrm{P}}$。回忆 K-S 判据式 (6.7)，一般而言，要求 $q > 2$ 以保证外扭曲模稳定，因此典型托卡马克中极向场会显著小于环向场。坏曲率处的交换不稳定性（以及新经典撕裂模、电阻壁模等不稳定性）限制了等离子体比压的提高。研究发现，将等离子体截面从圆形变成非圆形，尤其是具有垂直方向的拉长和向外的三角形变，有助于提高等离子体的稳定性。然而过大的拉长比又可能导致等离子体的垂直位移不稳定性，因此一般而言，拉长比不能超过 2。图 6.20 给出托卡马克中磁场和压强的典型剖面。

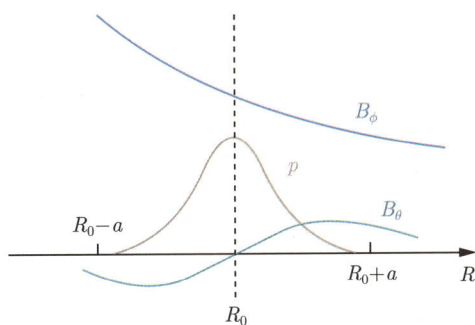

图 6.20　托卡马克中的磁场（环向 B_ϕ、极向 B_θ）和压强 p 的典型剖面

等离子体自身携带的电流不仅起到了形成具有回转变换的磁力线从而有效约束带电粒子的作用，而且电流可以对等离子体进行有效加热。这个加热对于温度低于 keV 的等离子体来说非常有效。可以说托卡马克利用三组结构不算复杂的线圈，简洁而高效地实现了等离子体的启动、加热和约束。因此托卡马克在 20 世纪 60 年代后从各种磁约束聚变位形中脱颖而出，随后成为磁约束聚变的主流研究途径。尤其是 20 世纪 90 年代，在 JET，TFTR，JT-60U 三大旗舰型托卡马克装置上，人们获得了超过 10 MW 的聚变功率，D-T 反应接近得失相当（在 JET 上，D-T 聚变的 Q 值达到 0.67；在 JT-60U 上，采用 D-D 反应，其等效 Q 值达到 1.25）的实验结果，验证了磁约束聚变的科学可行性。至今，托卡马克还是达到最大聚变三乘积的磁约束形式，目前最大的国际合作项目——国际热核聚变实验堆（ITER）也是基于托卡马克概念的。

但是，托卡马克也有其自身的弱点。最主要的弱点也同样来自环向的等离子体电流。一方面，电流会导致扭曲类型的磁流体不稳定性发生，甚至可能会导致等离子体破裂，这在聚变堆中是不可容忍的。另一方面，由变压器效应驱动的等离子体电流本质上是脉冲的，要稳态驱动电流必须依赖更加复杂、昂贵的外部功率注入，比如中性束注入或者射频波注入，这样托卡马克原有简洁高效的优势就被复杂的辅助加热和电流驱动设备大幅削弱。

此外，托卡马克和仿星器一样，本质上属于低比压装置，因此达到聚变条件的装置必然具有较大的尺寸，这对于装置发展乃至未来聚变堆的经济性是不利的。虽然考虑这个问题也许还为时尚早，但随着超导技术的发展，利用超强磁场实现更好约束、设计更加紧凑的托卡马克已经在人们的考虑和实践中。当然，这样的设计会在工程技术上面临其他更严峻的挑战。

6.2.7　球形托卡马克

球形托卡马克（spherical tokamak）其实是一种特殊的托卡马克。托卡马克环径比 A 定义为等离子体大半径和小半径之比。在大环径比下，等离子体呈现明显的环形，其形状类似轮胎状或者甜甜圈状。而当环径比减小时，等离子体的截面自然拉长，并产生三角形变，虽然从拓扑上等离子体仍为环形，但等离子体整体呈现接近球形，可以形象地将其比作一个去掉核的苹果。因此，通常把 $A < 2$ 后的托卡马克称为球形托卡马克，如图 6.21 （b）所示。

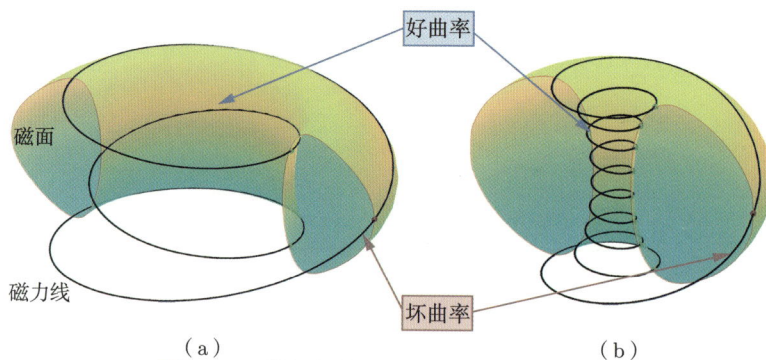

图 6.21　常规托卡马克与球形托卡马克比较
（a）常规托卡马克（$A = 3, q = 3$）；（b）球形托卡马克（$A = 1.3, q = 9$）

环径比的降低会深刻影响聚变装置的设计及等离子体性能。一个显著的例子是等离子体电流（I_p）。等离子体电流和环向场线圈电流（I_TF）的关系可由式 (6.16)描述：

$$\frac{I_\mathrm{TF}}{I_\mathrm{p}} \sim \frac{2A^2 q^*}{1 + \kappa^2} \tag{6.16}$$

式中，κ 为等离子体的拉长比；q^* 为圆柱下等效的安全因子。因此，对于低环径比的装置，给定环向场线圈电流，几乎可以得到同样大小的等离子体电流（而对于传统托卡马克，等离子体电流远远小于环向场线圈电流）。从托卡马克的研究又知道，等离子体电流限制着等离子体密度，因此在球形托卡马克中，可以获得更高的等离子体密度。

另一个重要的参数是等离子体环向比压 β_T，β_T 可由下式给出：

$$\beta_\mathrm{T} = \beta_\mathrm{N} \frac{I_\mathrm{p}}{a B_\mathrm{T0}} \sim \beta_\mathrm{N} \frac{5\left(1 + \kappa^2\right)}{2 A q^*} \tag{6.17}$$

式中，β_N 为归一化比压，由等离子体稳定性决定。环径比 (A) 减小时，等离子体电流环三角形变 (κ) 随之增加，A 和 κ 的协同作用导致 β_T 快速增长。

等离子体电流、密度和比压的增加意味着更好的约束与更低的成本。球形环的设计初衷就是为了得到高 β_T 的等离子体。1998 年，START 装置在中性束加热的条件下，达到了 40% 的环向比压，远远超过当时的传统托卡马克，由此引发了球形托卡马克研究的热潮。

球形托卡马克的其他物理优势也在后续一系列实验中得到证实，比如更好的磁流体稳定性、更高的自举电流份额、不易产生大破裂等。但球形托卡马克在物理上也存在明显的短处：其一，尽管比压很高，但受到中心磁场的限制，球形托卡马克中的热压强和常规托卡马克相比并无优势。其二，在托卡马克面临的电流驱动问题上，球形托卡马克的中心螺旋管由于空间的限制提供的磁通有限，同时由于其弱磁场、高密度的特点，利用射频波非感应驱动电流的难度较之常规托卡马克更大。因此等离子体的非感应启动和稳态驱动也成为球形托卡马克的一项研究重点。

从工程上而言，紧凑性带来更低经济成本的同时，也给中心柱区域狭窄带来一系列工程困难。尤其是从反应堆的角度看，聚变中子辐照的防护问题在球形托卡马克中会更加严重，尤其是中心柱部分。但换一个思路，球形环可以在较低的聚变参数下，获得足够高通量密度的中子流，因此可以作为体中子源或者聚变部件测试装置的备选。

由于球形托卡马克建设相对简单，其物理可以理解为极限条件下的托卡马克物理，且在工程上可以为主流聚变研究提供支持，因此球形托卡马克的研究蓬勃发展，成为规模上仅次于托卡马克、参数水平上仅次于托卡马克与仿星器的磁约束聚变形式。清华大学聚变研究团队的 SUNIST 装置、SUNIST-2 装置都是球形托卡马克。

原则上，所有环形约束，例如仿星器、反场箍缩，都可以通过减小环径比获得类似球形托卡马克的优势，它们可以统称为球形环。但目前只有球形托卡马克建成运行，因此有时也直接用球形环指代球形托卡马克。

6.2.8　紧凑环

紧凑环其实并没有严格的定义，比常规托卡马克或者仿星器更紧凑的环形约束形式都可以叫作紧凑环。不过狭义的紧凑环特指这样一种形态：磁场呈环形拓扑，但没有外部导体或者真空室穿过环形的中心。环形拓扑的磁场就把 Z 箍缩、磁镜这些位形排除在外；而没有外部导体或者真空室穿过环形中心的"单连通"等离子体形态则把球形托卡马克排除在外。这种定义下的紧凑环主要包括球马克和场反位形。

球马克（spheromak），如图 6.22（a）所示，是一个极易和球形托卡马克混淆的概念。它们名字类似，等离子体均在总体上呈现球形外观，都是具有环向磁场和极向磁场的环形磁约束形式。但二者也存在显著的不同。第一，球马克等离子体具有"单连通"特征，其环向磁场中心没有外部线圈或真空室壁穿过。我们前面说球形托卡马克像个去掉核的苹果，那么球马克就是个无核的苹果。因此，从环径比来说，球马克可以达到 1，即大半径和小半径相等。第二，球马克没有环向场线圈，其环向场和极向场一样都是由等离子体电流自身产生的。因此，其环向场和极向场在同一量级，而在约束的最外层磁面，环向场为零。第三，在球马克中，电流和磁场几乎是平行的，这种状态被称作"force-free"状态。这意味着球马克等离子体在磁螺旋度守恒条件接近达到能量最小的状态。这个能量最小的弛豫态被称为泰勒弛豫态（Taylor relaxation state），其特点是 $\nabla \times \boldsymbol{B} = \lambda \boldsymbol{B}$。很容易理解，在均

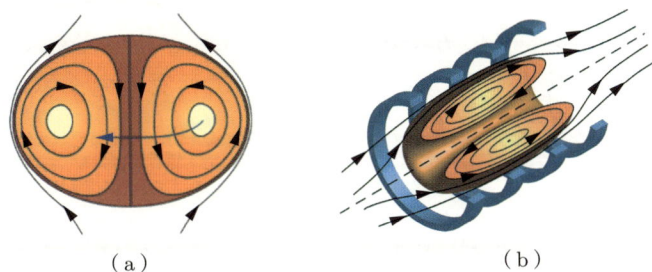

图 6.22　紧凑环构型
（a）球马克；（b）场反位形

（（a）资料来源：S. Woodruff. Alternative pathways to fusion energy[R].Fusion Power Associates Meeting, 2006, https://fire.pppl.gov/fpa06_woodruff.pdf.P11.　（b）资料来源：U.S. Fusion Energy Sciences Advisory Committe. Report of the FESAC Toroidal Alternates Panel[R], 2008, https://fusion.gat.com/tap/final_report.php/.Fig. 2-5.）

匀的完全弛豫态下，没有自由能，因此等离子体是稳定的。但在给定边界条件下，系统是不均匀的，也存在有限压强梯度，因此仍然存在电流驱动的不稳定性和压强驱动的不稳定性。但这一点并不是球马克作为磁约束候选位形的主要瓶颈。

由于没有环向场线圈，因此球马克中的磁场都比较低，而磁约束的核心是足够强的磁场。同样，由于没有极向场线圈，球马克中的电流难以维持足够长的时间。在球马克中，驱动电流需要打破弛豫态所形成的磁面，因此会导致大的输运损失。因此总体而言，球马克等离子体参数太低，很难独立达到聚变的条件。

场反位形（field reversed configuration, FRC）是另外一种紧凑环，如图 6.22（b）所示。事实上，场反位形是外形更像磁镜的直线型装置，而不像一个环。它实际上也是一个环约束的位形，但只有极向场的分量。从历史上看，场反位形也并不是由把磁镜中心轴处的磁场和外部磁场反向而得名，而是源自角向箍缩中强的感应电场导致约束磁面的形成。由于在角向箍缩中的磁重联过程，可以获得比较高的等离子体温度，但正如之前提及的，这样的 FRC 和角向箍缩一样具有很短的寿命。在实验中，人们还可以利用两团具有相反螺旋度的球马克融合产生场反位形等离子体，或者利用旋转磁场（RMF）驱动稳态的 FRC。后者产生的 FRC 温度较低，需要进一步对等离子体进行加热。

FRC 的电流基本上是抗磁性电流，因此 FRC 等离子体的比压接近 1。但 FRC 的磁场没有回转变换，也没有磁剪切，而且平均而言是坏曲率，因此对于磁流体不稳定性是不利的，尤其是旋转不稳定性和倾斜不稳定性。然而，非常意外的是，在一些 FRC 的实验中等离子体稳定性相当好，可能是因为有限的离子拉莫尔回旋半径在等离子体约束边缘区形成的剪切电场效应。然后这种效应对于更大尺寸的 FRC 应该会减弱。人们寄希望于高速旋转的剪切流或者高能量粒子更大的回旋半径，但无论在理论上还是在实验上都需要进一步的研究确认。

FRC 磁场位形上在端部具有天然的约束区和开放区的分界区（可以视为线性偏滤器），可以方便地引出高能带电粒子，实现直接转化。再加上早期 FRC 良好的实验结果，FRC 成为很多紧凑型先进燃料聚变方案的选择，尤其是对于民营公司而言。不过，截至现在，FRC 获得的参数还远远不能接近聚变要求。由于紧凑环具有"单连通"等离子体形态，因此 FRC 或者球马克也成为磁-惯性约束磁化靶的选择，关于这一部分内容我们在后面再做介绍。

最后再提示一下，球形托卡马克（spherical tokamak）和球马克（spheromak）是完全不同的两个东西，反场箍缩（RFP）和场反位形（FRC）也是完全不同的两个东西哦！切不可因为名字相似把它们搞混了。

6.2.9 悬浮偶极场

悬浮偶极场（levitated dipole）是另外一种磁约束聚变概念，其思想来源于天体物理观测。例如，在土星的偶极磁场约束下存在稳定的等离子体环。如果让一个电流环悬浮于容器内部，那么就形成了一个实验室中的偶极场，原理如图 6.23 所示。

悬浮偶极场具有非常简单的磁场位形，只有极向场，没有回转变换和磁剪切。因此尽管从外观结构上类似一个环形约束系统，但从磁场位形上更加接近于一个弯曲的磁镜或者

带硬芯的 Z 箍缩位形。在磁流体不稳定性上，偶极场不存在电流驱动的扭曲模，同时由于等离子体的可压缩性，可以实现交换模临界稳定的平衡，甚至在坏曲率处的气球模也是稳定的，因此在不需要导体壁或者额外控制的情况下就可以实现较高比压的稳定。由于大部分微观不稳定性在偶极场下也是稳定的，因此偶极场预期有很好的约束性能。但是对于偶极场物理，人们缺乏足够的研究，尤其是在高功率加热条件下的约束性能研究。

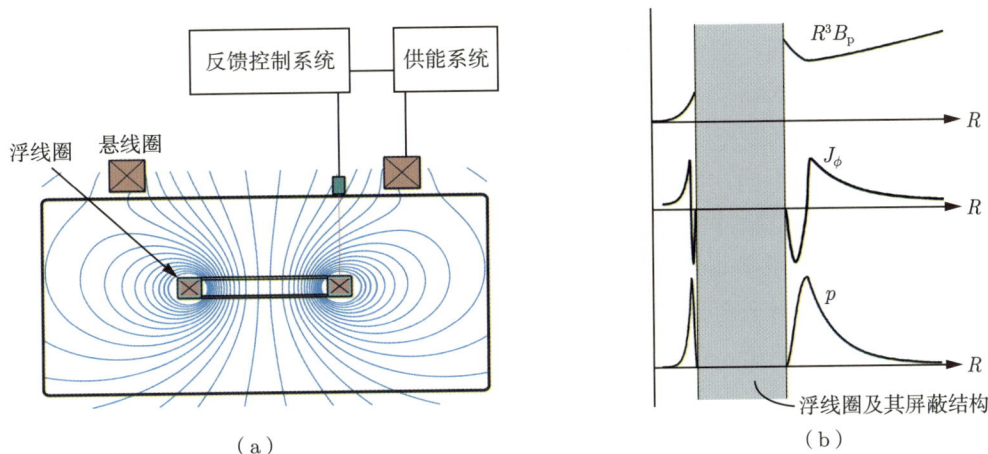

图 6.23　悬浮偶极场原理及其典型参数剖面

((a) 资料来源：H. Saitoh. A levitated magnetic dipole configurationas a compact charged particle trap[J]. Rev. Sci. Instrum. 91, 043507 (2020) doi: 10.1063/1.5142863. Fig. 1. 并做了翻译和删节。(b) 资料来源：Freidberg J P. 等离子体物理与聚变能 [M]. 王文浩，译. 北京：科学出版社，2010. 图 13.2. 略作修改。)

之所以缺乏对悬浮偶极场概念的研究，是因为悬浮线圈在工程上难以实现。但是"悬浮"是必需的，因为如果线圈采用机械支撑，支撑结构必然与等离子体相交，这将破坏磁面拓扑结构，并需要考虑等离子体与支撑机构的相互作用。考虑运用超导线圈实现电流环的悬浮，不仅需要解决常规的超导技术问题，还需要解决悬浮姿态的维持及控制等问题。而且，如果采用 D-T 聚变方案，磁场线圈还需要解决中子屏蔽的问题，所以悬浮偶极场的概念设计通常会考虑中子产物更少的 D-^{3}He 聚变，但这就意味着聚变等离子体参数的提高。最后，在偶极场中，约束等离子体相对于真空室来说只占很小一部分体积，这就意味着最终的偶极场装置是巨大的。粗略估算，一个基于偶极场的聚变点火装置至少是托卡马克点火装置的数倍，这也限制了偶极场作为聚变实用途径的探索。

6.3　惯性约束

6.3.1　惯性约束聚变原理

回到磁流体的动量平衡方程式 (5.17)，磁约束依靠第二项洛伦兹力实现与聚变压强梯度的平衡，而恒星依靠自身的引力实现引力约束。人工的聚变系统不可能具备建立和维持高温高压的引力，假设我们利用外部驱动（比如强激光、强电磁辐射、离子束）在瞬间实现了足以达到聚变的高压强。考虑系统功率的得失，我们不可能一直维持这个外部驱动。但是惯性可以限制被压缩的燃料等离子体的快速膨胀，它可以提供虽然短暂但并不为零的约束时间，提供了聚变点火的可能性，在方程中，可以认为是方程右端的惯性力和压强梯度平衡。

在惯性约束下，所谓的"约束时间"由在聚变燃烧驱动下的燃料粒子向外飞散的过程决定，因此其实质上由靶丸燃烧半径和聚变温度决定。因此，和磁约束中采用等离子体密度和能量约束时间不同，惯性约束更习惯用靶丸被压缩的致密程度，即靶丸质量密度和靶丸半径来描述劳逊判据。

再次明确一下，"点火"的说法在磁约束和惯性约束中存在着差异。在磁约束聚变中，点火条件与劳逊判据不同，它表征了一种通过 α 粒子自持加热保持等离子体燃烧的稳态。而惯性约束聚变本身是脉冲的运行模式，因此当燃料靶开始由中心热斑向外燃烧就认为实现了点火。其间 α 粒子参与燃烧区燃料的加热，并且会起到非常重要的作用，但和自持的稳态燃烧所要求的功率平衡无关，这时可以认为在惯性约束中点火条件是与 α 加热修正的劳逊判据是一致的。但是，在实际研究中，为了方便起见，人们也会简单地把物理增益因子 $Q \geqslant 1$（即聚变释能大于等于激光等驱动源的能量）的状态称为点火。

假设这样一种简化情况：靶丸被压缩到半径 r 时开始聚变燃烧。由于等离子体密度反比于半径三次方 $n \propto r^{-3}$，而聚变功率正比于密度平方 $S \propto n^2$，即是说聚变功率反比于半径的六次方：$S \propto r^{-6}$（这还没计及温度的变化）。所以，靶丸的半径稍稍增大聚变功率就会剧烈下降，假设当其半径膨胀 25% 时聚变功率即下降到导致燃烧停止，即"约束时间"为

$$\tau_{\mathrm{E}} = \frac{r/4}{v_{\mathrm{th}}} \tag{6.18}$$

式中，$v_{\mathrm{th}} = \sqrt{T/m_{\mathrm{i}}}$ 是离子特征热速度。以 D-T 反应为例，忽略韧致辐射损失，根据简化的劳逊判据 $\eta S_{\mathrm{f}} \geqslant S_{\kappa}$ 可以推导出惯性约束的点火条件为

$$\rho r \geqslant 0.48/\eta \ \mathrm{kg/m^2} \tag{6.19}$$

式中，η 为聚变能转化为有效靶丸加热的效率，它显然远小于热电效率。如果假设 $\eta = 1\%$，那么要求聚变点火时的面质量密度要大于 48 $\mathrm{kg/m^2}$。

考虑一个初始半径为 1 mm 的冷冻 D-T 靶丸（聚变总释能与 10 kg TNT 相当），其体质量密度为 225 $\mathrm{kg/m^3}$，面密度为 0.225 $\mathrm{kg/m^2}$，距离点火相差 200 多倍。当靶丸半径被压缩到 0.06~0.1 mm，等离子体密度上升到原来的 1000~5000 倍，此时面密度达到 22.5~62.5 $\mathrm{kg/m^2}$，才能接近和到达聚变点火。此时物质的质量密度为 10^6 $\mathrm{kg/m^3}$，远远超过常态下的重金属密度；如果再考虑到此时的温度为 10 keV，热压强可达 10^{12} bar（1 bar=0.1 MPa），此时物质进入极端特殊的状态。

惯性约束的概念在氢弹上最先实现。利用初级的裂变炸弹产生辐射压缩次级聚变燃料，实现了巨大的聚变能量的释放。但显然，即使是最小当量的氢弹，其能量释放对于和平利用来说也是不可控的，因此在可控聚变研究中，必须寻求裂变之外的驱动源实现"微型氢弹"。

按照驱动源的不同，可把目前研究的惯性约束聚变分为四类：激光聚变，重离子束聚变，轻离子束聚变和 Z 箍缩聚变。其中激光聚变利用激光或者激光转化的 X 光作为驱动源，重离子束和轻离子束采用离子束直接与聚变靶丸相互作用，而 Z 箍缩利用强电磁脉冲转化的 X 光作为驱动源。其中激光聚变是惯性约束最主流的方向，但 Z 箍缩及重离子束也日益受到更多的关注。

6.3.2　激光聚变

激光聚变的基本过程可以称作聚爆增压。如图 6.24 所示，入射激光或者 X 射线引起靶丸外层烧融，产生向外膨胀的等离子体；它在相反方向产生极大的向心聚爆压力压缩靶核，使得中心热斑达到千倍于固体密度和点火温度（10 keV for DT），实现聚变燃烧；同时，聚变靶丸开始向外膨胀，在完全飞散之前 (满足点火条件) 释放较多的聚变能量。注意激光或者 X 射线不能穿透临界面后面的稠密等离子体区域，而只能将能量以热震波形式（红色箭头）传递给等离子体。

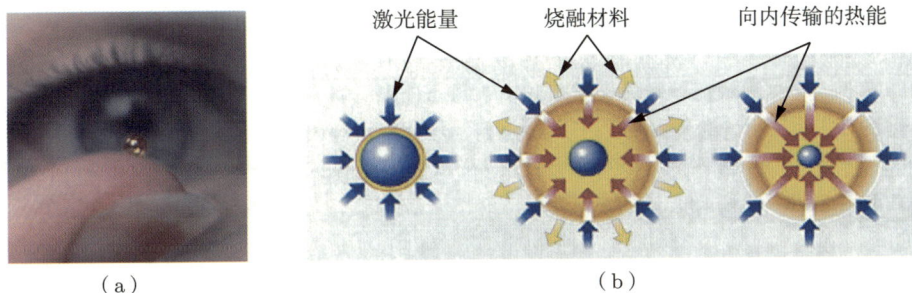

图 6.24　激光聚变靶丸和聚爆增压示意图

((a) 资料来源：McCracken G, Stott P. Fusion: the energy of the universe[M]. Academic Press, 2013. Fig 7.1；（b）资料来源：Photo Gallery-National Ignition Facility & Photon Science, https://lasers.llnl.gov/multimedia/photo-gallery （网址和资源可能有变动）.)

内爆压缩的一个核心困难就是压缩的对称性。不幸的是，由于压缩过程造成从外到内呈现出不同密度分层，当压缩的加速度从高密度层指向低密度层时，就会发生前面提到的瑞利-泰勒（Rayleigh-Taylor，RT）不稳定性，同时，冲击波在经过不同密度界面还会发生里克特迈纳-梅什科夫（Richtmyer-Meshkov，RM）不稳定性，而不同密度界面切向运动又会引起的开尔文-亥姆霍兹（Kelvin-Helmholtz，KH）不稳定性。这些界面处的流体不稳定性发展形成的结构破坏了压缩的对称性，使得内爆压缩效率大大降低，甚至失败。

为了在初始压缩阶段增加均匀性，减小扰动，人们提出不用激光直接烧蚀靶丸，而是把激光打入一个高 Z 金属腔（称为 hohlraum，系德语）中，激光与高 Z 金属相互作用，释放 X 射线，X 射线又会被黑腔再次吸收和发射，从而在黑腔中心形成均匀的 X 辐射场，然后利用 X 辐射烧蚀点火靶丸实现聚变点火。这种方式被称为间接驱动（indirect drive），如图 6.25 所示。而利用激光直接烧蚀靶丸的方式被称为直接驱动。很显然，间接驱动可以获得更好的压缩均匀性，但代价是从激光能量到耦合到靶丸上的 X 射线能量传递过程中的能量损失。

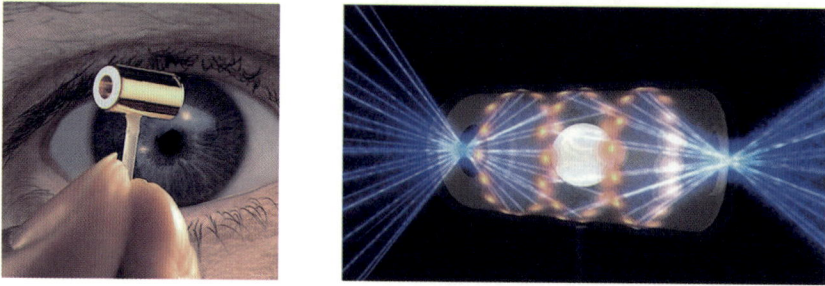

图 6.25 激光聚变靶腔和间接驱动示意图

（资源来源：https://lasers.llnl.gov/media/photo-gallery&tag=targets.）

间接驱动中的能量耦合效率和靶丸辐照均匀度与黑腔构型的设计密切相关，可能是受氢弹构型的启发，黑腔一般采用柱状的几何形状，多束激光从两端注入，而靶丸被设置在柱的几何中心。最近，也有考虑采用球形、椭圆球形等新型构型。

激光聚变中一个重要的物理过程，就是激光或 X 射线与黑腔内以及靶丸外层处的等离子体的非线性相互作用，诸如受激拉曼散射（SRS）、受激布里渊散射（SBS）、双等离子体衰变（TPD）等不稳定性。这些过程不仅造成了相当份额的激光能量损失，所产生的超热电子还会预加热靶丸，从而影响压缩效率。

激光器是激光聚变所使用的驱动器。束能量、束流强度和聚焦程度（焦斑大小）是对驱动束的三个基本要求。除此之外，束的同步性、驱动效率、发射频率等也是重要指标。目前的研究表明，激光器能量至少要在兆焦量级。考虑到激光束必须在小于临界约束时间 t_E 内将能量送入靶丸，由于 t_E 大约为纳秒量级，因此束的脉宽也在纳秒量级。为保证束流辐照在靶丸上时有足够的能量密度，一般来说，要求束流的焦斑与靶丸的大小差不多，在毫米量级。激光器的驱动效率与最终在电能指标上的聚变工程增益相关，而发射的重复频率和未来聚变能发电的总体效率密切相关。现在一般认为，聚变对激光器的要求是：

（1）束能量 $> 10^6$ J；

（2）束流强度为 $10^{14} \sim 10^{15}$ W/cm²；

（3）束直径（焦斑尺寸）为毫米量级；

（4）驱动效率 $> 10\%$；

（5）发射频率 1～10 Hz。

目前的激光驱动器包括固体激光器、气体激光器、KrF 激光器及新型的自由电子激光器：

（1）钕（Nd）玻璃激光器是用得最早也最多的固体激光器。其发射的激光波长为 1053 nm，经过三倍频后，转化为波长 351 nm 的紫外光，与黑腔有非常好的耦合效率。但是受窗材料限制，固体激光器每束激光能量通常要小于 100 J，且能量转换效率低（约 1%），从能源的角度看并不适于堆运行。

（2）CO_2 激光器是实验室常用的一种激光器，其电光转换效率较高，但激光波长过长（10600 nm），与等离子体耦合效率低。

（3）KrF 激光器是一种新型准分子激光器，其激光波长为 248 nm，与等离子体耦合效率较高，但还存在很多技术问题，如效率、重复频率、激光器的可靠性与成本等。

（4）自由电子激光不需要固体、液体或者气体的工作介质，而是由高能电子束辐射能量产生，因此不受材料限制，具有高功率、高效率及波长可调的特点，因此成为近年来研究的热点。

2009 年，美国建成了目前国际上最大的激光装置。在随后的十余年内，经过长期的探索，在靶丸、黑腔、激光加载驱动方式等因素的优化上取得进展。2022 年 12 月，美国国家点火装置（NIF）利用 2.05 MJ 的激光能量输入，产生了 3.15 MJ 的聚变能量输出，物理增益因子超过 1，达激光聚变的点火状态。随后的 2023 年和 2024 年，NIF 又多次实现点火，这些实验充分验证了激光聚变的科学可行性。

是否有可能在激光器能量受限的条件下实现点火呢？那就需要在点火模式上考虑。利用中心热斑点火的方式称为中心点火，如图 6.26 （a）所示。在 20 世纪初，由于啁啾放大技术导致的超短超强激光的出现，人们提出了一种快点火（fast ignition）的方案，如图 6.26 （b）所示，其主要特点是将压缩过程与点火过程分开。第一步，通过传统激光驱动将 D-T 燃料压缩到高面密度；第二步，在超快 (约 20 ps) 时间内将激光能量 (< 100 kJ) 注入靶丸中的一个小区域内，使之加热到点火温度，从而实现点火。由于快点火只要求中心压缩到高密度而不要求产生中心热斑，因此极大降低了点火的能量要求，同时也就降低了点火密度和压缩对称性的要求。但是在快点火中，增加了一个超快激光产生强流束流（通常考虑是电子束），然后再由强流束流加热靶丸的物理过程，其不确定性需要更多科学研究，尤其是实验研究加以深入地研究。类似地，在直接驱动的中心点火方式中，近年来冲击点火受到很大的关注。所谓冲击点火就是把激光投入分成压缩激光和点火激光两个过程，压缩激光提高靶丸的面密度，高功率强度的点火激光驱动冲击波聚芯形成点火热斑。

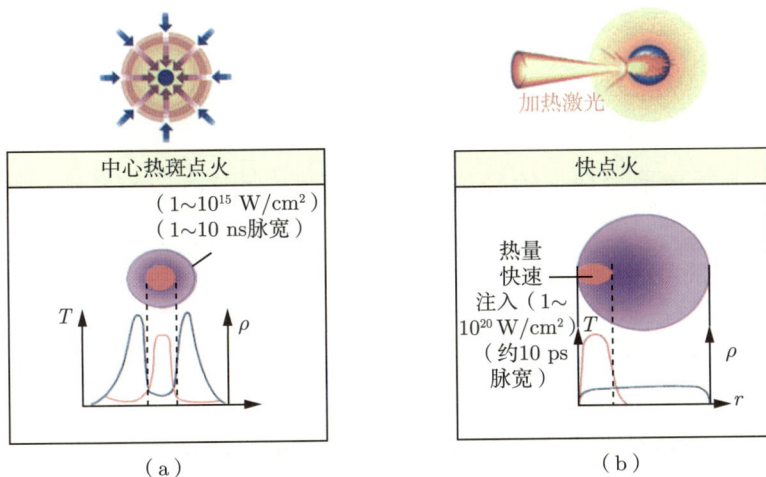

图 6.26 两种点火方式的示意图

（a）中心点火；（b）快点火

（资料来源：Matzen, Maurice Keith. Inertial Confinement Fusion: progress through close coupling of theory and experiment[R]. Conference: Proposed for presentation at the American Physical Society Division of Plasma Physics held November 17-21, 2008 in Dallas, TX. https://www.osti.gov/biblio/1142428 的 P15.）

6.3.3　Z 箍缩和离子束聚变

在间接驱动中，实际驱动内爆的是 X 辐射场，激光与物质相互作用并不是唯一的、甚至也不是高效的 X 射线产生机制。通过大电流丝阵形成的 Z 箍缩等离子体，可以在更高的转换效率下产生更高能量的 X 辐射场，进而驱动靶丸压缩内爆，这就是 Z 箍缩驱动聚变。Z 箍缩这种早期磁约束概念以崭新的形式回归到了惯性约束途径中来。Z 箍缩聚变具有更好的能量转换效率、更高能量、更大靶空间等明显的优势，因此被认为是一种很有潜力的惯性约束方式。但是，在 Z 箍缩装置中，需要把几十兆焦的电能在百纳秒脉冲中释放出来，产生的电流高达几十兆安到百兆安，因此在工程上需要解决大电流快速开关以及重复频率过低等问题。

离子束具有比光子高的静止质量，因此具有更高的驱动靶丸压缩内爆的效率。而且，离子束聚变相对而言可以具备高重复频率的束流脉冲、物理过程满足经典能量沉积、无热电子影响压缩效率等优点，因此也受到了相当的研究关注。从技术途径上，离子束还可以分为轻离子束和中离子束。

轻离子束通常考虑锂等作为驱动粒子，同样要求驱动器具有足够高的功率水平。在强流条件下，束的聚焦和传输在技术上是非常困难的，同时，聚焦单元需要距离聚变靶很近，但这又不可避免地受到聚变爆炸的影响。

重离子束聚变，通常考虑氙、铯、铋等重离子。相对轻离子而言，重离子需要被加速到百亿电子伏的高能量，但对于流强和聚焦的要求得以降低。不过重离子束加速器造价高，技术的可行性验证还不充分，目前实验室中的重离子加速器所达到的束流强度距离要求还有很大的差距。

6.4　其他奇思妙想或胡思乱想

6.4.1　磁惯性聚变

对比两大主流受控聚变研究途径，磁约束的约束时间在秒的量级，密度在 $10^{20} \sim 10^{21}$ m^{-3} 量级，储能在 $10^8 \sim 10^9$ J，而惯性约束只有亚纳秒量级，密度则在 10^{31} m^{-3} 量级，储能通常只有焦耳量级。两条途径都面临各自的挑战，经历了超过数十年的探索。很自然地，人们会思考，在磁约束和惯性约束之间是否存在其他的聚变方案呢？或者，磁约束和惯性约束能否有相互结合的方案呢？

一个基本的考虑是利用磁场增强等离子体约束（包括对聚变产物 α 粒子的约束），降低对惯性压缩速度和压缩率的要求；利用惯性压缩提高等离子体密度及温度，降低不稳定性发展对等离子体参数提高的限制。这种同时具有磁约束聚变（MCF）和惯性约束聚变（ICF）特征的新型聚变途径被称为磁惯性约束聚变（magneto-Inertial confinement fusion，MIF）。在大部分方案中，MIF 总体上更加接近惯性约束的概念，只不过采用了磁化等离子体靶，因此在很多情况下也被称作磁化靶聚变（magnetized target fusion，MTF）。

目前的主要 MIF 概念有：基于场反构型的磁化靶聚变（FRC-MTF）、磁化套筒惯性聚变（magnetized liner inertial fusion，MagLIF）、等离子射流驱动磁惯性约束聚变（plasma jet induced magneto-inertial fusion，PJMIF）、声波驱动液态套筒聚变（ALMTF）、磁压缩聚变（MAGO）、激光驱动内爆压缩磁化惯性约束聚变（magnetic ICF）和基于 FRC 靶碰撞融合的磁化靶聚变（MPFR）等，如图 6.27 所示。

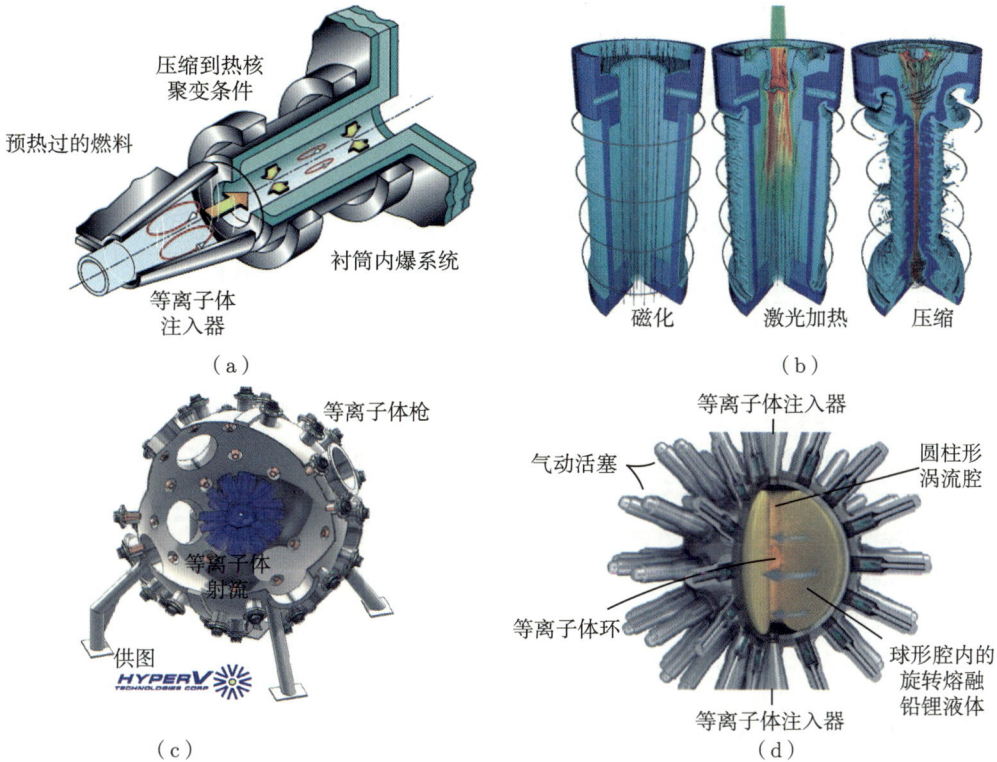

图 6.27　各种 MIF 概念

（a）磁化靶聚变（FRC-MTF）；（b）磁化套筒惯性聚变（MagLIF）；（c）等离子射流驱动磁惯性约束聚变（PJMIF）；（d）活塞驱动液态套筒磁化靶聚变

（(a) 资料来源：Richard E. Siemon. Magnetized Target Fusion:Prospects for low-cost fusion energy[R].ITC-12, 2001. https://www.nifs.ac.jp/itc/itc12/Siemon.pdf. P6.　(b) 资料来源：Daniel Sinars. Status of the Magnetized Liner Inertial Fusion Research Program in the United States[R].Fusion Power Associates Meetting, 2015. https://fire.pppl.gov/fpa15_MagLIF_Sinars.pdf. P2.　(c) 资料来源：Peter Lobner. The Fork in the Road to Electric Power From Fusion[R]. HyperJet Fusion Corporation, 2021. https://lynceans.org/wp-content/uploads/2021/02/HyperJet-Fusion_US-converted.pdf.P4.　(d) 资料来源：JOSH DEAN. This Machine Might* Save the World[OL]. Popular Science, 2008. https://www.popsci.com/scitech/article/2008-12/machine-might-save-world/.)

例如图6.27（a）所示的 FRC-MTF，先形成一个 FRC 等离子体，通过压缩进行预加热，然后通过线圈锥将 FRC 引导进入一个金属内爆套筒中，通过惯性压缩使其达到热核燃烧。从这个例子可以看到，磁惯性约束关键的两个部分：一是磁化靶，二是套筒的驱动压缩。惯性约束要求磁化等离子体靶体积不能太大，且最好是单联通结构（即等离子体内部不含其他磁体或真空室部件），因此前面提到的 FRC 或者球马克等紧凑环位形成为首要选择，也有一部分方案通过直接磁化等离子体获得具有开放磁力线构型、可供压缩的等离子体团。高内爆速度的要求，使得电磁驱动成为首选的技术手段，尤其考虑到压缩的靶不仅有聚变燃料还包含套筒，因此更大能量输出的 Z 箍缩成为首选。不过，也有考虑直接利用激光驱动、等离子体射流压缩驱动、爆炸甚至活塞压缩驱动等方式。对应于不同的驱动方式，相应产生了不同材料、不同结构的套筒。考虑到对磁化靶的约束，电磁驱动中多采用固体金属作为套筒，激光驱动则采用 CH 套筒加金属包层的考虑，活塞压缩驱动则选择液态金属作为套筒，在等离子体射流压缩驱动中则没有真正的套筒，而是采用等离子体射流融合而成虚拟套筒。表 6.1展示了各种 MIF 聚变方案所采用的磁化靶、驱动方式等要素的汇总情况。

表 6.1　各种 MIF 聚变方案的磁化靶、驱动方式等汇总

| 方案 | 等离子体靶 | | | 驱动方式 | 套筒类型 |
	位形	融合产生方式	初始大小		
FRC 磁化靶聚变（MTF）	FRC	—	约 dm	电磁	固体金属
磁化套筒惯性聚变（MagLIF）	开放磁力线	—	约 mm	电磁	固体金属
等离子体射流驱动磁惯性约束聚变（PJMIF）	球马克新型靶	球马克等离子体射流	约 dm	射流	等离子体
活塞驱动液态套筒磁化靶聚变	球马克球托卡马克	球马克	约 m	声波	液态金属
磁压缩聚变（MAGO）	开放磁力线	—	约 dm	炸药	固体金属
激光驱动内爆压缩磁化惯性约束聚变（Magnetic-ICF）	开放磁力线	—	<mm	激光	固体 CH
基于 FRC 靶碰撞融合的磁化靶聚变（MPFR）	FRC	FRC 融合	约 dm	电磁	固体金属

　　磁惯性约束聚变是一种创新的，但在很大程度上尚未长时间探索的途径。各种各样的创新性方案也有很多，除了上面提到的几种主要途径，还有一些受到关注较少、投入资金有限，甚至仅有理论概念的方案。各种方案进展各不相同，大部分还处在概念研究的阶段，目前只有 FRC-MTF、MagLIF 两个方案进行了集成实验验证。MIF 的初步研究演示了其基本原理，为实现可能更紧凑、更低开发成本的聚变系统提供了一条途径，因此格外受到私人资本的青睐。

　　但是也必须看到，混合概念也会带来两种困难的叠加。尽管磁化靶降低了对磁化等离子体参数的要求，但能够被利用的磁化等离子体的约束性能并不令人满意，如何实现满足压缩需要的等离子体参数和寿命，可能是 MIF 目前最关键的问题之一。比如在 FRC-MTF 中，要求磁化靶初始密度在 10^{23} m^{-3}，这个数值远超出了目前 FRC 的实验结果。FRC 的寿命也是一个问题，因为稳态的 FRC 技术在磁靶聚变中没有办法使用，而形成、传输和压缩过程中快速的不稳定性使得内爆的后半段可能就已经没有 FRC 等离子体存在。此外，能量转换效率、压缩驱动对称性等惯性约束的共性问题在 MIF 中依然存在，套筒内爆技术还对驱动提出了新的要求。因此与传统的 ICF 和 MCF 相比，MIF 在科学和技术上还不够成熟，需要持续地研究推进。

6.4.2　静电聚变

静电可以加速离子产生聚变反应，但不能实质地约束等离子体，因此并不是热核聚变的合适方式。

Fusor 是一种典型的静电约束核聚变装置，其主体是一对同心球的电极，进入大球的离子被加速进入中心的小球，通过离子碰撞发生聚变反应，如图 6.28 所示。很容易知道，这种装置尽管可以发生聚变反应，但其输出功率远小于输入功率，因此还不能作为能源。但它是一种很容易实现的聚变中子源，也是国际上不时报道的中小学生探索聚变核反应的启蒙装置。

图 6.28　Fusor 装置

（资料来源：Brian Neumeyer. Oakland University Low Powered Fusor Update[OL]. fusor.net, 2015. https://fusor.net/board/viewtopic.php?t=10607.）

一种被称为 Polywell 的方案在静电聚变中增加了磁约束的成分，如图 6.29 所示。在这个方案中，它没有采用电极产生高压，而是利用电子束注入容器芯部产生势阱，使得离子进入中心聚变区；在容器的外部，采用会切场线圈，在允许电子束沿磁力线注入的前提下，可以起到横向约束高能电子的作用。Polywell 在小规模下进行了原理性验证，高比压的等离子体维持了 10 μs。但根据其足够理想状态下的定标律估算，要达到聚变燃烧，无论装置尺寸和磁场大小都至少要和托卡马克处于同一水平。

图 6.29　Polywell 的方案

（资料来源：Jaeyoung Park. Polywell Fusion Electric Fusion in a Magnetic Cusp[R]. Energy Matter Conversion Corporation (EMC2), 2015. https://indico.nbi.ku.dk/event/817/contributions/5755/attachments/ 1919/2707/Park.pdf.P24.）

还有一种早期提出的利用电场的聚变方案，如图 6.30 所示。它并不是直接利用电场加速，而是利用高速的 $\boldsymbol{E} \times \boldsymbol{B}$ 旋转，将离子在筒壁边缘富集提高其密度，同时试图通过相互高速碰撞提高其温度。但在初步的验证实验中发现了严重的磁场扭曲不稳定性，其温度和约束时间都达不到预期。

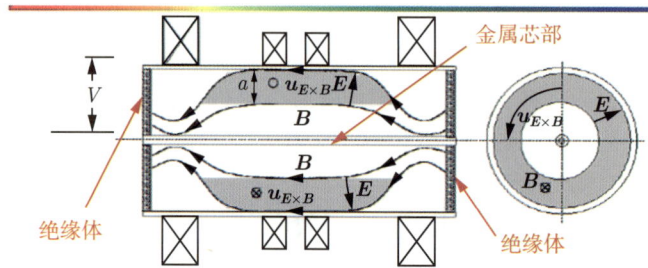

图 6.30　离心聚变方案

（资料来源：Ellis R F, Case A, Elton R, et al. Steady supersonically rotating plasmas in the Maryland Centrifugal Experiment[J]. Physics of Plasmas, 2005, 12(5). Fig 1.）

6.4.3　冷聚变与气泡聚变

冷聚变在很多科普书籍上有详细生动的介绍。

时间是在 1989 年 3 月 23 日，地点美国犹他州盐湖城，犹他大学举行新闻发布会，发布了一条震惊世界的消息：化学家马丁•弗莱希曼（Martin Fleschmann）和斯坦利•庞斯（Stanley Pons）利用电解重水，实现了受控核聚变，而且是室温下的受控核聚变。这可是全世界物理学家研究了几十年也没能实现的梦想，顿时全世界为之震惊。

其基本的思想是：人们已经了解到钯这种金属很容易吸附氢离子，因此有没有可能利用钯的这个特性，用电解的方法让氘发生聚变呢？如图 6.31 所示，弗莱希曼和庞斯把电解池泡在一个很大的水箱中，用水箱作为量热器，通过测量水箱和电解池的温差，可以推算

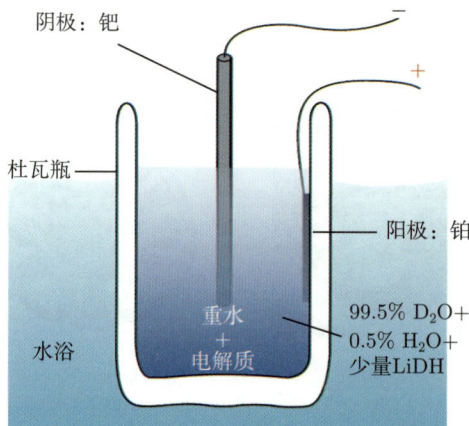

图 6.31　冷聚变示意图

（资料来源：wikipeida https://commons.wikimedia.org/wiki/File:Cold_fusion_electrolysis.svg.）

从电解池释放出来的热，进而可以算出"反应"输出的能量，把输出能量与输入能量（电解中消耗的电能）相比，就可判断是否产生了额外的能量。他们发现，"有时候"输出的热能可以比输入的电能多 10%～25%。于是他们认为这些多出来的能量是由聚变产生的。因为聚变反应会释放出中子，因此他们使用了一个简单的中子探测器来测量在钯电极上是否有中子产生，其宣布的结果说有时候能检测到比本底水平高的中子数目。

弗莱希曼和庞斯的这一"发现"，是在室温下实现的，因此被称为"冷聚变"。冷聚变完全打破了核聚变需要在上亿度的高温下进行的观念，使得聚变能的低成本应用似乎瞬间就要实现。这个"发现"又通过传媒炒作起了强烈的轰动效应。由于实验条件并不苛刻，全世界几百个实验小组迅速开始了类似的冷聚变研究。随后，一系列小组宣布重复了庞斯和弗莱希曼的实验。但质疑也随后到来，主要包括：

（1）热与中子测量的一致性问题。如果热效应确实是聚变反应引起，所观测到的中子数与热效应应该相符，而实际观测到的中子比应该达到的中子数少一个量级。大多数研究组指出，他们所做的实验没有测到或测到极少的中子。也有一些小组指出，庞斯和弗莱希曼使用的三氟化硼中子测试仪对温度很敏感，不适宜用它对冷聚变中子进行测试。

（2）伽马射线的测量问题。仍然与聚变中子相关，聚变反应的证据除了热的释放外就是作为产物的中子，而聚变中子又可以产生包含其特征的伽马射线。庞斯公布的证据正是对高能伽马射线的测量，认为在 2.5 MeV 的地方看到了峰，但聚变中子产生的伽马吸收线的峰应在 2.2 MeV 处。庞斯对此无法解释，但在后来发表的文章里，峰值位置却改在了正确位置上！当时就有人认为，庞斯和弗莱希曼实验中观测到的伽马射线可能是氡的衰变产物铋产生的，因为在犹他州氡在地下环境中的含量比较大。

（3）关于与普通水对比实验的争论。在庞斯和弗莱希曼向《自然》期刊投稿时，审稿人曾指出，他们应该做一下与普通水电解的对比实验。既然氢的同位素对聚变是敏感的，那么结果就应该有明显的差别。但庞斯等却从来没给出任何证据表明他们做过。

这些质疑的声音越来越大后，很多研究组，特别是世界知名的研究机构，宣布不能在实验中获得庞斯和弗莱希曼所宣称的结果。而一些小组也撤回他们以前关于测到中子结果的报道。

随后，庞斯和弗莱希曼撤回了他们向《自然》的投稿。5 月初，庞斯和弗莱希曼也承认他们在伽马射线和中子测量方面有错误。

到了 5 月底，美国能源部组织召开了一个规模巨大的冷聚变专题讨论会议，最后形成的会议报告的结论是：本报告所讨论的室温核聚变类型与半个世纪以来获得的对于核反应的理解相矛盾，它需要发现全新的核过程。

目前，冷聚变的研究还在继续。目前的实验上似乎在朝着采用更加系统的、精密的、准确的现代实验方法和提高可重复性的方向努力。对于所得实验结果中的异常现象，则注意分辨"事实"和"虚假"。在理论方面，尽管围绕核反应本质的理解还处于十分混乱之中，但开始努力使理论解释朝着定量或半定量或存疑的方向努力。

在冷聚变界有一种说法，认为就我们目前的知识水平还谈不上确切认识这个问题，所谓"冷核聚变"的名称可能是不适当的、不正确的，它也可能是一种"化学辅助核反应"。

                    *

2002 年 3 月 8 日，来自美国橡树岭国家实验室和俄罗斯科学院的科学家塔利亚克汉（Rusi Taleyarkhan）等在《科学》杂志发表了论文，宣布发现一种新型的气泡聚变。

如图 6.32 所示，他们的实验是这样设计的：采用中子脉冲轰击氘化丙酮，使其中产生直径 10~100 nm 的微小气泡。这些微小气泡由于声波的激励保持快速增长至毫米量级。当声压超过一定的阈值时，液体中这些小气泡会迅速膨胀然后突然破裂。文章中宣称在实验中气泡破裂收缩时产生了极高温度，使得氘化丙酮中的氘聚合成了氚，释放出了 2.50 MeV 的中子能，这个能量正是氘核聚变产生的能量。他们还用普通丙酮进行同样的实验，但是没有观察到有氚、中子和能量的产生。

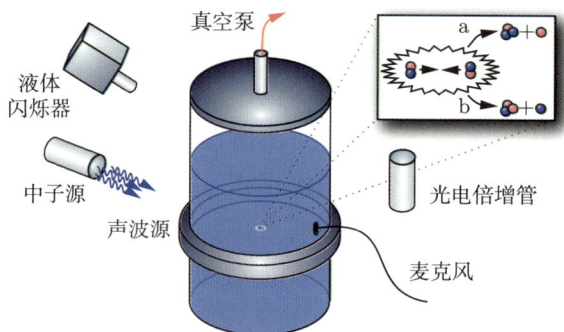

图 6.32　气泡聚变示意图

（资料来源：wikipeida https://commons.wikimedia.org/wiki/File:Sonofusion.svg.）

这个事件再次掀起轩然大波，因为它太容易让人回忆起冷聚变了。但是，按照作者的说法，气泡聚变和冷聚变没任何直接关系，作者坚持认为反应是普通的热核聚变，高温高压的产生和人们早就知道的声空化或声致发光原理一致。但主要争论的问题是：

（1）气泡中能否达到聚变温度。从塔利亚克汉使用的中子产生的气泡最大半径和初始半径之比有 $10^4 \sim 10^5$，那么体积之比就是 $10^{12} \sim 10^{15}$，气泡坍塌时如此高的压缩比可能产生足够聚变所需的温度。但是也有科学家对单个爆破气泡反应的化学分析表明，所获温度实际上比聚变所需温度低几百万度。

（2）氚和中子测量问题。文章中同样出现了中子测得量和反应产物氚测得量不符合的问题，作者也承认测量并不是无懈可击的。

由于该项目研究曾获得美国海军研究署的资助，因此海军研究署于 2007 年 3 月成立了对该事件进行调查的专门委员会。调查报告于 6 月 18 日被正式公开。

调查报告回避了对科学问题的直接讨论，而是在后续研究工作的学术道德上做起了文章。报告指出，2004 年塔利亚克汉的博士后助手先后就气泡聚变实验结果向《科学》和《物理评论快报》投稿，但均遭到拒稿，原因是审稿人认为，所有气泡聚变的实验是由一个人单独完成的，因此实验结果的交叉检查和证实是不足的。随后，2005 年初，塔利亚克汉要求他的硕士研究生 Adam Butt 帮忙校读论文，随后 Butt 成为论文的共同作者，论文被投递到塔利亚克汉任主编的《核工程和设计》期刊并很快被接受。"这样做的目的是创造出一个显而易见的共同作者。"调查委员会在报告中指出，"这是一起研究不端行为。"

2019 年，在商业公司的支持下，一些学者对冷聚变方式进行了一些实验尝试，结果在《自然》发表①。文章没有发现新的聚变证据。

6.4.4　μ 子聚变

μ 子是一种带 $-e$ 电荷、质量是电子质量 207 倍的基本粒子。由于 μ 子的质量比电子大很多倍，按照量子力学，轨道半径与质量成反比，所以它与原子核的距离更接近。而 μ 子的负电可以对原子核的正电荷起到屏蔽作用，因此，这种 μ 子构成的分子中，原子核之间的斥力减小，彼此之间能够比普通分子中更接近，这意味着，有可能在不需要严格的超高温或高密度条件下就达到聚变条件，这称为 μ 子催化聚变（muon catalyzed fusion），如图 6.33 所示。

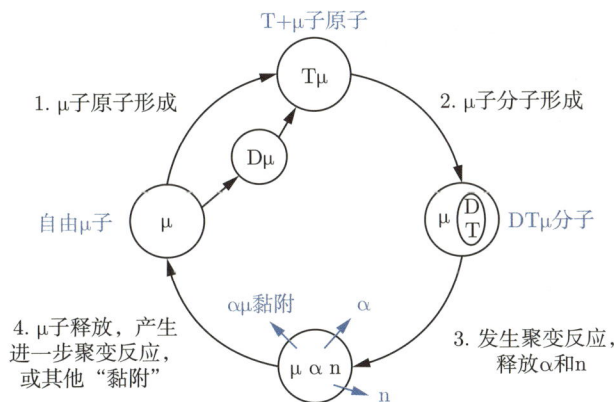

图 6.33　μ 子催化聚变示意图[3]

但 μ 子不是天然存在的粒子，其寿命为 2.20 μs。加速器中产生 μ 子所消耗的能量远比一次 D-T 反应放出的能量高得多（> 1000 倍）。当然，这些能量不全是辐射损耗掉了，D-T 聚变后的 μ 子可以很快释放出来去自由激发另一次聚变反应。但这要求每个 μ 子在其短暂的寿命内必须至少催化 1000 次聚变反应，才能抵得上产生这个 μ 子所耗的能量。虽然 μ-D-T 分子的形成非常快速，在一个 μ 子的寿命周期内发生多次聚变反应是可能的，但实验也表明 μ 粒子黏附率（即每次聚变产生的 α 粒子吸引并俘获 μ 子使之不再能继续参与聚变的 μ 子数占总数之比）为 0.4%，即允许一个 μ 子参与 250 次聚变反应。黏附率的这个值是一个基本事实，就是说，要用此方法来实现能量得失相当是可望而不可即的。

有些地方把 μ 子聚变也归于冷聚变，但二者还是有明显的不同。μ 子聚变是一个典型的经过严格实验证实的不可能作为聚变能源产生方式的途径。

---

① Berlinguette CP, et al. Revisiting the cold case of cold fusion[J]. Nature, 2019. doi:10.1038/s41586-019-1256-6.

6.5　比较与思考

对于受控聚变这样对人类意义重大的研究，即使有百分之一的可能性，也值得我们去探索。而且一种新的思想即使不能成功，对于聚变物理的理解也是有贡献的，也可以对其他约束提供有价值的参考。但是，需要指出的是，我们需要的是真正的新思想，而不是一些已经验证过想法的再包装。有位科学家对后面这种"创新"的评论是"他们只是在死胡同里兜兜转转"，"在核聚变领域，每隔二十年就会有旧点子再冒出来，就跟那个打地鼠的游戏一样。"

原则上，不同途径的聚变研究都需要经过原理验证、科学验证、工程验证、经济可行的阶段。尤其是在科学可行性上，劳逊判据或点火条件给出了热核聚变作为能源系统对等离子体体系提出的条件。主流的磁约束和惯性约束正是在三乘积等关键等离子体参数上逐步接近点火条件，而接近能源利用的边缘。其他约束途径也需要回答同样的科学问题。

不同途径之间的比较需要在同一阶段，既不能单纯用已进入工程验证阶段的主流途径达到的聚变等离子体参数来否认刚刚进入原理验证的新途径，也同样不能用原理验证阶段体现出的某些"优点"来试图取代主流途径。事实上，更多的科学和工程问题会在规模和参数提高的过程中显现出来。聚变研究探索中的无数经验和教训说明了这一点。当然，聚变作为一门"大科学"，需要巨大的资源投入。新途径在规模逐渐放大的过程中也同样需要更多的资源投入，但社会更倾向于为更为成熟更为稳妥的主流途径。因此，如何在沿着主流途径快速实现聚变能源应用的同时，提供足够的自由空间去创造新的想法、及时追踪/鉴别新的思想，对于聚变能源的发展是一个值得探索的课题。

思考题

6.1　一简单磁镜的 $B_{\min} = 3$ T，$B_{\max} = 5$ T，氘等离子体的温度 $T = 10$ keV，密度 $n = 5 \times 10^{19}$ m^{-3}。试估计该装置的粒子损失速率（提示：考虑碰撞过程）。

6.2　托卡马克利用简单、规则的线圈放电实现对等离子体的启动、约束和加热。在标准托卡马克系统中共有三类线圈，它们分别起什么作用？你能猜测三类线圈按电流大小的排序吗？为什么？

6.3　（1）推导含有 z 向磁场的 Z 箍缩装置的平衡方程式；

（2）推导等离子体柱之外的 z 向磁场等于 0 时腊肠不稳定性（$m = 0$）及弯曲不稳定性（$m = 1$）的稳定条件；

（3）说明 z 向磁场对稳定性的影响。

6.4　大环径比 $(r/R_0 \ll 1)$ 圆截面托卡马克的磁场可以表示成

$$\boldsymbol{B}(r, \theta) = \frac{rB_0}{q(r)R_0}\boldsymbol{e}_\theta + \frac{B_0}{1 + r\cos\theta/R_0}\boldsymbol{e}_\phi$$

从直圆柱扭曲模稳定性条件给出安全因子 q 的约束条件。

6.5　阅读文章：XU Y. A general comparison between tokamak and stellarator plasmas[J]. Matter and Radiation at Extremes, 2016, 1(4): 192-200，比较托卡马克和仿星器的异同点，分析它们各自的优缺点。

6.6　阅读文章：GAO Z. Compact magnetic confinement fusion: Spherical torus and compact torus[J]. Matter and Radiation at Extremes, 2016, 1(3): 153-162，比较球形环和紧凑环的异同点，分析它们各自的优缺点。

6.7　根据简化的劳逊判据（忽略轫致辐射）推导惯性约束条件（式 (6.19)）。

6.8　从能量的传递过程估算在间接驱动中心点火方式下将初始半径为 1 mm 的 D-T 靶丸实现激光聚爆所需的激光能量。

6.9　在 2019 年，《自然》杂志发表一篇文章：BERLINGUETTE C P, CHIANG Y M, MUNDAY J N, et al. Revisiting the cold case of cold fusion[J]. Nature, 2019, 570(7759): 45-51，介绍了在某商业公司支持下开展的一些对冷聚变途径的实验验证工作。阅读该文章，谈谈你的观点。

（1）文中提到了哪几种"冷聚变"方式？

（2）文章没有发现新的聚变证据，但认为 "After all, absence of evidence is not the same as evidence of absence"，你是否认可这种观点，为什么？

参考文献

[1]　查尔斯·塞费. 瓶中的太阳——核聚变的怪异历史 [M]. 隋竹梅，译. 上海：上海世界出版集团, 2005.

[2]　丹尼尔·克利里. 一瓣太阳——可控核聚变的寻梦之旅 [M]. 石云里，译. 上海：上海教育出版社, 2017.

[3]　McCRACKEN G, STOTT P. Fusion: the energy of the universe[M]. New York: Academic Press, 2013.
（加里·麦克拉肯，彼得·斯托特. 宇宙能源：聚变 [M]. 核工业西南物理研究院翻译组，译. 北京：原子能出版社, 2008.）

[4]　王龙. 磁约束等离子体实验物理 [M]. 北京：科学出版社, 2018.

[5]　DOLAN T J. Fusion Research: Principles, Experiments and Technology[M]. Amsterdam: Elsevier, 1982.

[6]　David Hill, Rich Hzaltine. FESAC Toroidal Alternates Panel Final Report. https://fusion.gat.com/tap/final_report.php, 2008.

[7]　宫本健郎. 热核聚变等离子体物理学（1976）[M]. 金尚宪，译. 北京：科学出版社, 1981.

[8]　徐家鸾，金尚宪. 等离子体物理学 [M]. 北京：原子能出版社, 1981.

[9]　PFALZNER S. An introduction to inertial confinement fusion[M]. Carabas City: CRC Press, 2006.

点火条件下的聚变装置规模

第 6 章讨论了实现聚变的各种途径。这些途径或处于原理验证阶段，或经过长时间研究已经完成科学可行性验证。但无论何种途径，其中的等离子体须达到一定的参数水平，即第 4 章通过功率平衡关系得到的聚变条件。本章，我们将以托卡马克为例，用最简物理阐述达到聚变点火条件下装置的尺寸、参数及必备技术条件。之所以选择典型的磁约束途径，是因为惯性约束装置规模的大小基本上依赖于驱动源（例如激光器）的规模，而驱动源的规模在单次聚变总释能固定的条件下取决于压缩效率，而单次聚变总释能则由靶室能够承受的可控当量决定。典型情况下，假设靶室可以承受和处理的当量为 10 kg TNT 炸药的爆炸当量，则对应 D-T 靶丸的最大尺寸在 1 mm 左右，在目前最领先的间接驱动方式达到的压缩效率下，将靶丸压缩到点火条件，需要的激光器能量需要达到 MJ 量级。

7.1 托卡马克装置的基本结构

从第 6 章描述的工作原理可以知道托卡马克装置的基本结构，我们这里再来简短复习一下。托卡马克装置的核心部分是真空室和磁体，因此其主机部分就是由真空室、磁体及其支撑结构组成的。

（1）真空室的总体形状与等离子体形状基本一致，因此其尺寸也大体上可以用等离子体尺寸（大环半径 R 和小环半径 a）来描述。

（2）磁体根据其功能，主要包括环向场、欧姆场和垂直场。在现代的托卡马克系统中，还可能包含特殊设计的偏滤器线圈、成形场线圈，以及产生径向扰动的鞍形线圈等。但是在最简化的结构下，我们只需要环向场提供约束的主磁场，欧姆场提供等离子体电流，垂直场则根据约束的需要提供向内的箍缩力。

此外，辅助加热对于达到点火条件是必需的，因此辅助加热系统也是一个目标定位在点火的托卡马克装置的必备部分。另外，加料系统（即通过送气或者弹丸注入将燃料持续注入的系统）也是必需的。磁体系统需要电源系统供电，等离子体放电状态需要诊断系统进行监控，所有的系统需要控制系统进行管理。所有这些系统都被称为托卡马克装置的辅助系统。

因此，即使只到实验装置这一级（尚未涉及聚变能的转化和利用），托卡马克已经是一个涉及多个技术领域的大科学工程。关于这方面的工程和技术进展，已经有一些很好的参考书出版，本书不再对此做深入的介绍，而只聚焦于从聚变物理条件获得最核心的装置参数。

7.2　温度——等离子体加热

在第 4 章中，我们已经了解到，D-T 聚变点火条件为离子温度 $T_i = 20$ keV 下 $n\tau \geqslant 1.5 \times 10^{20}$ m$^{-3} \cdot$ s。考虑时变的功率平衡关系，至少要通过外部加热达到 7~10 keV，使得 α 加热功率超过韧致辐射及热传导导致的功率损失，才能最终到达聚变工作点。初步的计算表明，考虑一定的冗余，需要的外部加热功率应该在 40 MW 以上。幸运的是，托卡马克有一个天然的加热机制，那就是等离子体电流所产生的欧姆热。如果这个欧姆加热可以使得等离子体达到点火条件，后续的自持加热又可以维持点火条件，那么就不再需要其他加热手段的参与就可以达到聚变堆的工作条件了。

7.2.1　欧姆加热

下面我们来推导欧姆加热所能达到的最高温度，看看它能否达到点火条件。首先，来估算一下欧姆加热功率

$$S_\Omega = \eta j^2 \tag{7.1}$$

显然，大的电流（密度）和高的电阻率有利于提高加热功率。但是，无论电流 j 还是电阻率 η 都受到限制。

（1）电流的限制：在托卡马克中，等离子体电流不能无限制增大，它主要受扭曲不稳定性的限制。这个限制可以用安全因子描述（括号内的是考虑拉长比 κ 的结果）：

$$q = \frac{aB_\phi}{RB_\theta} = \frac{2\pi a^2 B_\phi}{\mu_0 RI} \left(= \frac{2\kappa\pi a^2 B_\phi}{\mu_0 RI} \right) \tag{7.2}$$

在考虑边界安全因子 $q > 2$ 的条件下

$$I < \frac{\pi a^2 B_\phi}{\mu_0 R} \ , \ \text{即} \ j < \frac{B_\phi}{\mu_0 R} \tag{7.3}$$

（2）电阻率的限制：等离子体电阻除了和等离子体尺寸形状有关外，最关键的是正比于电阻率。而等离子体电阻率与温度的 1.5 次方成反比

$$\eta = 1.6 \times 10^{-9} g_{\text{neo}} \frac{Z \ln \Lambda}{T^{3/2}} \quad (\Omega \cdot \text{m}) \tag{7.4}$$

式中，库仑对数可近似取 $\ln \Lambda = 20$；T 的单位为 keV。和第 6 章电阻率表达式不同的是，这里考虑了环几何导致的新经典效应修正，因为俘获电子的存在使得电子携带电流的能力下降。在典型参数下，g_{neo} 可近似取为 $g_{\text{neo}} = 3$。显然，随着加热的进行，温度升高，欧姆加热效率不断降低。

另外，等离子体还在不断损失能量。在忽略韧致辐射的假设下（这个假设在温度较低时会有较大的偏差），热传导导致的功率损失为

$$S_\kappa = \frac{3nT}{\tau_{\mathrm{E}}} \tag{7.5}$$

当欧姆加热功率等于热传导损失功率，温度不再上升。

因此，令 $S_\Omega = S_\kappa$，可以给出欧姆加热所能达到的温度上限。假设芯部温度是平均温度的两倍，可以近似得到芯部可以得到的最高温度为

$$T_{\mathrm{c}} = 2.2 \times 10^8 \left(\frac{Z\tau_{\mathrm{E}}B_\phi^2}{nR^2} \right)^{2/5} \quad (\mathrm{keV}) \tag{7.6}$$

可以看到，欧姆加热可以达到的温度与磁场、密度、大半径、有效电荷以及能量约束时间都有关系。

可以采用一个用于高磁场下欧姆加热的定标律——阿尔卡托定标律（Alcator scaling law）来简化这个依赖关系，令

$$\tau_{\mathrm{E}} = \frac{1}{2} \left[n/10^{20} \right] a^2 \quad (\mathrm{s}) \tag{7.7}$$

并且取有效电荷 $Z = 1.5$，环径比 $R/a = 3$，则有

$$T_{\mathrm{c}} = 0.81 B_\phi^{4/5} \tag{7.8}$$

可以看到对于 5~6 T 的磁场，欧姆加热能达到的温度大约在 3 keV。

从总功率的角度考虑，对于典型点火条件下的反应堆，欧姆加热的功率只有几个兆瓦，比起点火所需的 40 MW 加热功率还相距甚远。如果仅仅依靠欧姆加热达到点火条件，必须具备更高的磁场和更好的约束。但根据式 (7.8) 可以估算，在约束性能不变的情况下，需要的磁场为 23 T；即使约束增强一倍，也仍然需要 16 T，这远远超出目前的工程能力（当然需要注意的是，在更大的磁场下，或者高辅助加热功率条件下，能量约束时间的定标律可能发生很大的改变）。在目前的约束性能和磁体技术条件下，需要其他辅助功率的注入来达到聚变点火。

7.2.2 辅助功率加热

从上节讨论可知，在托卡马克中，等离子体电流带来的欧姆加热只能将等离子体加热到较低的温度，需要其他辅助功率继续将等离子体加热到点火条件。虽然称为"辅助"加热，但事实上，辅助功率远大于欧姆加热的功率。而对于仿星器这类完全靠外部磁场约束的位形，则更是必须依靠外部功率的注入对等离子体加热。

图 7.1 给出了几种可行的加热途径。其中绝热压缩只在启动阶段能起作用（想象一下激光聚变只是压缩那么小的靶丸，试图通过压缩对磁约束等离子体进行整加热是不现实的）。外部功率注入加热的主要手段包括中性束加热和电磁波加热。

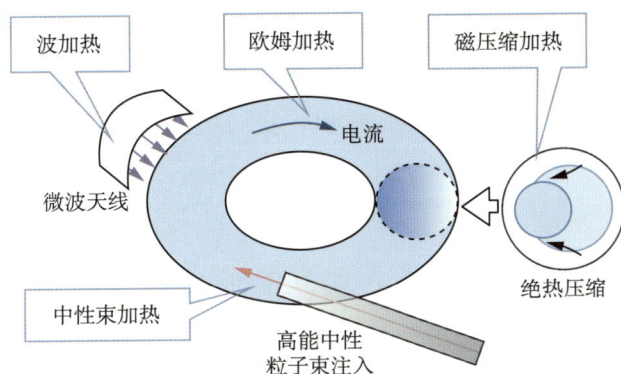

图 7.1 托卡马克中的等离子体加热手段

中性束加热是将高能量的粒子束中性化后注入等离子体，通过碰撞电离或电荷交换，进而与本底离子体碰撞加热等离子体，如图 7.2 所示。这是一种物理过程非常明确的方法，可以显著地提高等离子体温度。中性束加热的核心是中性束技术的发展，随着装置尺寸的增大和等离子体密度的提高，中性束的能量也随之提高到兆电子伏特量级，这给高功率中性束技术提出了巨大挑战。近年来，随着负离子源技术的迅速发展，中性化效率随着能量的增加而急剧下降的问题得以解决，中性束加热仍然会是聚变等离子体达到点火条件的重要功率源。

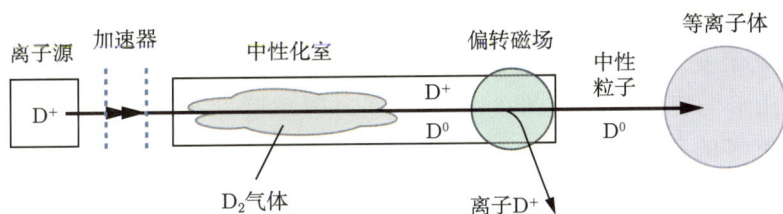

图 7.2 中性束注入系统的基本结构

波加热是利用电磁波和等离子体的相互作用。和微波炉的原理不同，聚变等离子体中的波加热主要依赖于无碰撞的波-粒子共振机制，把电磁波的能量沉积在等离子体中。第 5 章提到静电波能够通过无碰撞的波-粒子共振将能量传递给等离子体，这个被称为朗道（Landau）阻尼。类似地，电磁波也可以通过回旋阻尼对等离子体进行加热。依据共振频段的不同，频率从高到低（参见附录 A.5）主要分为电子回旋频段（ECRF）、低杂波频段（LHRF）、离子回旋频段（ICRF）和阿尔芬波频段（AWRF）。随着频率的逐渐降低，波长变长，其与等离子体的耦合物理会变得更加复杂；反之，随着频率的升高，波的耦合及波与等离子体相互作用的物理更加清晰，但波的能量密度急剧增加，大功率波源技术成为难点。波在等离子体中的传播和吸收过程相对复杂，尤其是在高功率波下，非线性效应可能会变得很重要（虽然这个在激光等离子体中早就是重要的了）。

　　原则上，达到点火条件后外部功率注入就不是必要的了，但对于托卡马克而言，还需要外部功率**驱动等离子体电流**实现其稳态运行。由于中性束系统不能在点火的稳态系统中使用，因此利用电磁波进行电流驱动可能是主要方式。电流驱动的物理本质是在注入能量的同时，通过环向不对称地注入动量，并实现电子和离子的不同吸收效果，更进一步的聚变等离子体物理书籍和论文中可以找到。这里，我们从工程应用出发，定义一个驱动效率

$$\eta_{CD} = \frac{I n_{20} R}{P} \ (A \cdot m^{-2} \cdot W^{-1}) \tag{7.9}$$

目前实验中中性束电流驱动效率大约为 0.05，电磁波电流驱动效率从 0.05～0.4 不等。如果可以假设在反应堆条件下非感应电流驱动仍然能达到 0.5 左右的效率，同时假设托卡马克运行在 60% 电流由等离子体压强驱动的自举电流维持的先进模式下，那么非感应驱动电流的所需的外部功率需要达到 110 MW（参照后面部分的讨论，假设 $I = 17\,MA$，$n_{20} = 1.3$，$R = 6.3\,m$）。注意到这个功率远大于点火所需的功率水平，因此托卡马克类型聚变堆的稳态运行还需要在电流驱动效率的提高上持续努力。

因此说，在目前的条件下，外部功率注入系统是聚变系统必不可少的系统，几乎所有大中型聚变实验装置上，辅助加热和电流驱动系统都占据了比装置本体（真空室和磁场线圈）大得多的空间。等离子体的高参数运行几乎完全依赖于中性束和/或射频波加热与电流驱动系统。这些系统的发展极大地推动了等离子体物理和聚变研究的发展，但同时也极大地提高了托卡马克的复杂度和技术难度，例如大功率负离子源中性束系统和大功率毫米波系统具有非常高的技术门槛；大功率波的耦合也面临各种科学和工程问题。更进一步，从聚变能源的经济性考虑，复杂的辅助加热系统不仅会极大地提高托卡马克聚变反应堆的建造成本，还由于中性束和射频波系统的能量利用效率的原因，限制托卡马克聚变反应堆的 Q 值。通过磁重联加热等一些新的思想重新被提及，但还需要更多的研究。

回到聚变点火对温度的要求，一个结论是：利用外部功率注入将等离子体加热到 10～20 keV 是没有问题的。在之前的多个托卡马克实验中，分别和联合利用中性束注入和电磁波注入都实现了 10～20 keV 的高温等离子体（在某些实验中，离子温度甚至达到过 45 keV），充分证明了加热手段的科学和工程技术的可行性。

7.3 密度——受限制的密度

相比于要通过等离子体加热提高温度来说，密度的提高似乎显得要平凡得多——只要往装置里进气就行了，其本质就是中性原子的电离过程。在热平衡状态下，中性气体的电离率由沙哈方程给出，但在实际等离子体产生过程中，基本都采用非平衡雪崩放电的方式，其电离的过程与驱动电压、气压及放电气体分子种类等因素有关。当然，中性分子补充包括器壁吸附气体重新进入等离子体（即粒子再循环）也包括外部加料。在燃烧聚变等离子体中，如何将中性分子及时补充到中心燃料区，仍然是一个不确定性的问题，这一点会在后面聚变堆工程中讨论。在实现点火条件的历程中，我们首先面对的是托卡马克中的密度极限问题。

7.3.1　密度极限

在托卡马克放电中，当等离子体密度超过一定值后，会导致等离子体电流的突然熄灭，这是一种典型的等离子体破裂现象。一种典型情况如图 7.3 所示。这种破裂是要极力避免的。

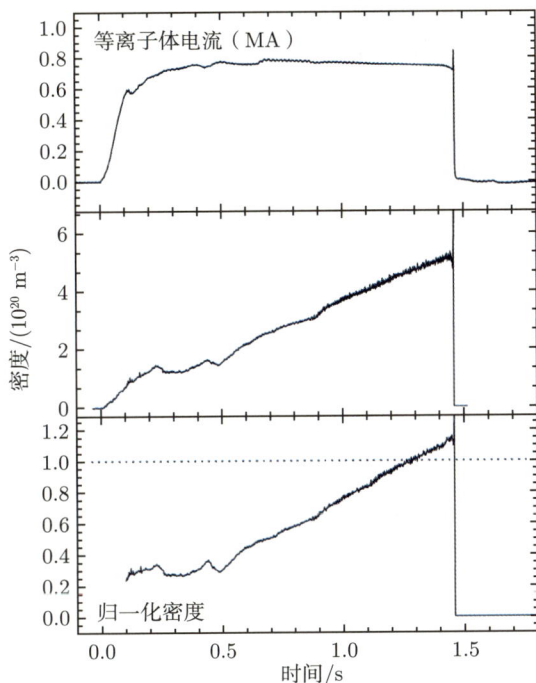

图 7.3　密度增长引起的等离子体破裂事件[1]

要想不破裂，密度不能超过多少？Greenwald 利用多个托卡马克的数据，得出了一个经验公式

$$n_{20} < n_{G} \equiv \frac{I_{MA}}{\pi a^2} \tag{7.10}$$

式中，n_{20} 是以 10^{20} m^{-3} 为单位的密度值；I_{MA} 是以 MA 为单位的电流值；a 是以 m 为单位的小半径。这个密度极限被称为 **Greenwald 极限**，如图 7.4 所示。

Greenwald 密度极限的物理机制可能与辐射损失有关。随着密度的升高，辐射功率正比于密度的平方而迅速增大。在一定的极限密度下，辐射功率可能超过外部的加热功率，造成等离子体局部冷却后电流通道收缩，进而降低安全因子，造成快速的不稳定性发展。实验上也表明密度极限也与边缘区行为密切相关，可能是由于边缘区是杂质辐射的主要区域，且对电流通道影响明显的缘故。目前对 Greenwald 密度极限的理论解释包括热阻撕裂模理论、边缘剪切流理论、边缘湍流输运理论等，但似乎没有一种理论具有实验中所体现出的普遍性。也就是说，虽然密度的提高对于降低对约束的要求、对于提高聚变功率密度有着显著的意义，但密度极限的物理机制至今还是一个具有挑战性的问题。

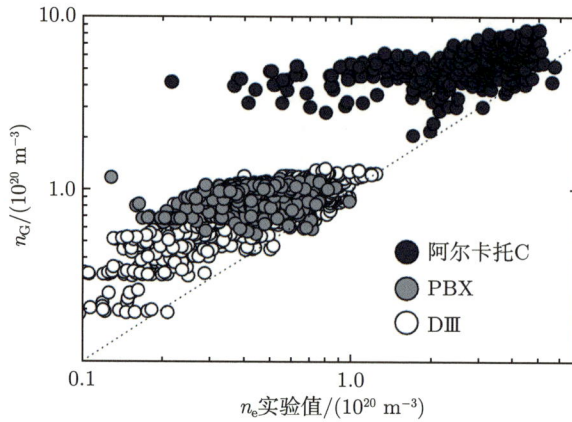

图 7.4　Greenwald 密度极限：虚线的右侧不能进入

（资料来源：Freidberg J P. 等离子体物理与聚变能 [M]. 王文浩, 译. 北京: 科学出版社, 2010. 图 14.17. 原英文版：Martin Greenwald 2002 Plasma Phys. Control. Fusion 44 R27.）

在实验中，发现在弹丸注入的情况下，可以轻微地突破 Greenwald 密度极限，如图 7.5 所示。尤其是在低环径比托卡马克中，利用弹丸注入实现过超过 Greenwald 密度 50% 的情况。这也就意味着 Greenwald 密度极限并不是一个物理上严格限制的极限，但在大多数情况下，为避免发生破裂，都会运行在 $0.8n_{\mathrm{G}}$ 之下。

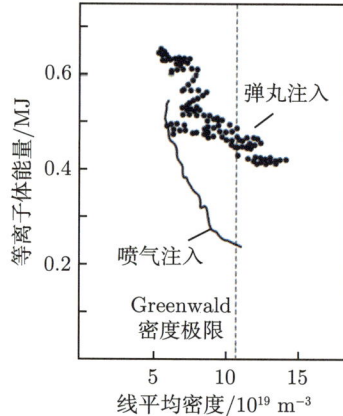

图 7.5　在弹丸注入的情况下，可以轻微地突破 Greenwald 密度极限[2]

7.3.2　比压极限

托卡马克运行中另一个运行的限制是比压极限。虽然等离子体平衡已经决定了托卡马克是一个低比压系统，但在实际情况下，决定等离子体比压的主要是磁流体不稳定性。最简单也是最普遍的认识是气球模导致的比压限制。气球模是在坏曲率处由压强梯度驱动的局域的交换不稳定性，它可以给出如下关系：

$$\beta \leqslant \beta_{\mathrm{crit}} \equiv \beta_{\mathrm{N}} \frac{I}{aB_0} \tag{7.11}$$

式中，β 以百分比% 为单位；电流 I 以 MA 为单位；小半径 a 以 m 为单位；磁轴处的磁场 B_0 以 T 为单位；比例系数 β_N 被称作归一化比压，它与电流分布、等离子体截面形状有关。研究表明，拉长的 D 形截面可以提高稳定性，然而垂直不稳定性又限制了拉长比，通常拉长比需要小于 2。在考虑截面优化后，一个经常使用的值是 $\beta_N = 2.8$，它给出的比压限制被称为 **Troyon 极限**，如图 7.6 所示。

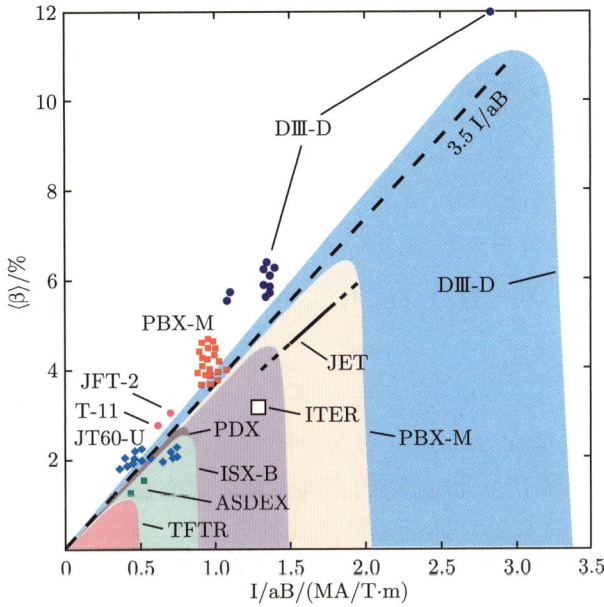

图 7.6　Troyon 极限：可行参数空间的斜线边界（右边界是电流极限式 (7.3)）

（资料来源：ITER Physics Expert Group on Disruptions, Plasma Control, and MHD and ITER Physics Basis Editors 1999 Nucl. Fusion 39 2251. Fig 3.）

利用安全因子的定义，可以将上式化为

$$\beta \leqslant \beta_{\text{crit}} \equiv \beta_N \frac{5a}{qR} \tag{7.12}$$

显然，在 β_N 不变的情况下，通过减小环径比，可以获得更高的比压极限。此外在弱磁剪切下，还可以进入所谓的气球模第二稳定区。当然，其他的一些不稳定性，比如电阻壁模、新经典撕裂模也可能导致比压达不到理想磁流体力学（MHD）决定的极限。但总体上，通过截面形状优化和运行控制，比压极限总体上看起来没有密度极限那么严重。

由于温度看起来不存在极限，且最低点火条件处于 10~20 keV 处，因此比压极限也会给出一个密度极限，但这个密度极限通常低于 Greenwald 极限。

7.4　能量约束时间——约束定标与装置尺寸

由于密度极限的存在，托卡马克要达到点火条件，就要对能量约束时间提出要求。能量约束时间不仅在微观上和等离子体的输运机制有关，在宏观上也决定了装置的尺寸。而装置的规模尺寸与未来聚变能源的经济性密切相关，是聚变装置的最关键参数之一。

我们先直观地来看一下。在未来的聚变堆中，边界处的参数由材料能够承受的极限决定，而中心处需要达到聚变条件。如果等离子体温度或压强分布的形状确定下来了，那么更大的装置尺寸就对应更高的中心处的参数。换言之，要在中心达到聚变条件，那么装置必须达到一定的尺寸，其决定的关键就是等离子体分布的形状。而等离子体分布的形状衡量了等离子体约束的水平：约束越好，分布越峰化；反之，约束越差，分布越平坦。

回到 4.3 节的能量守恒方程式，原则上压强的分布应该由偏微分方程求解得到。但同样如同 4.3 节的处理，我们利用约束时间的概念将该问题简化为零维问题。由

$$\frac{W}{\tau_{\rm E}} = \int \boldsymbol{q} \cdot {\rm d}\boldsymbol{S} \equiv -\frac{3}{2} \int n\chi \nabla T \cdot {\rm d}\boldsymbol{S} \tag{7.13}$$

式中，热扩散系数 χ 和热传导系数 κ 的关系为 $\kappa = \frac{3}{2} n\chi$。这样，热扩散系数 χ 就具有和扩散系数 D 同样的量纲。利用量级分析 $W \sim nT \cdot \pi a^2 \cdot 2\pi R$，$\nabla T \sim T/a$，$S \sim 2\pi a \cdot 2\pi R$ 可知

$$\tau_{\rm E} \sim a^2/\chi \tag{7.14}$$

考虑到实际的温度和密度剖面分布及 χ 对参数的依赖关系，在式 (7.14) 之前通常需要增加一个系数 k。例如，假设密度 n 和 χ 不随空间变化，只有温度随空间变化，当温度在小半径上呈抛物线分布时，$k = 0.25$，而当温度呈线性分布时，$k = 0.33$，差别并不大。

总之，在对 $\tau_{\rm E}$ 要求确定的情况下，热扩散系数 χ 的形式决定了需要达到聚变条件所需的等离子体尺寸：小半径 a。

如何获得输运系数？这是等离子体输运理论的任务，需要复杂的动理学计算。这里，我们可以利用两件事情简化这一考虑。一是所有的输运系数——无论是扩散系数、黏滞性系数还是热扩散系数——都具有一致的形式。这是玻耳兹曼、爱因斯坦等创建分子运动论时的结论，也得到了托卡马克实验的证实，比如在 TFTR 上的实验测量到粒子扩散、环向速度扩散、电子热传导和离子热传导在全区域呈现一致的趋势。二是假设等离子体输运是扩散主导的局域输运，其过程可以用"醉汉随机游走"的图像定性描述，即

$$D \sim \frac{(\Delta l)^2}{\Delta t} \tag{7.15}$$

式中，Δl 是随机游走的空间步长；Δt 是时间步长，其核心是确定随机游走的特征步长和特征时间。

7.4.1 经典输运

不同于一般气体，对于磁约束等离子体，在垂直于磁场的方向上其特征长度是回旋半径 $\rho_{\rm L}$，而不是碰撞决定的平均自由程。因此扩散系数一定是

$$D_\perp \sim \frac{\rho_{\rm L}^2}{\tau} \sim \nu \frac{v_{\rm t}^2}{\omega_{\rm c}^2} \tag{7.16}$$

考虑到碰撞频率与温度和密度的依赖关系，有

$$\nu = \frac{nZ^2e^4\ln\Lambda}{16\pi\varepsilon_0^2 m^{1/2}T^{3/2}} \tag{7.17}$$

可以知道垂直方向的扩散系数与密度成正比，与温度的平方根成反比，与磁场平方成反比。更加精细的理论可以得出类似的结果，差别只是前面的系数：

$$D_n^{(C)} = 2.0\times10^{-3}\frac{n_{20}}{B_0^2 T_k^{1/2}} \quad (\text{m}^2/\text{s}) \tag{7.18}$$

$$\chi_i^{(C)} = 1.0\times10^{-1}\frac{n_{20}}{B_0^2 T_k^{1/2}} \quad (\text{m}^2/\text{s}) \tag{7.19}$$

$$\chi_e^{(C)} = 4.8\times10^{-3}\frac{n_{20}}{B_0^2 T_k^{1/2}} \quad (\text{m}^2/\text{s}) \tag{7.20}$$

式中，n_{20} 指以 10^{20} m^{-3} 为单位的密度；T_k 指以 keV 为单位的温度。显然，由于离子回旋半径更大，因此在热输运上离子占主导地位，而粒子输运则受双极性扩散影响由电子行为主导。这种由碰撞主导的输运理论被称为**经典（classic）输运理论**。所谓“经典”，是指其与查普曼（Sidney Chapman）和考林（Thomas George Cowling）等发展的中性气体中的输运理论尽管在粒子间作用力上存在差异，但方法和结论没有本质差别。

如果托卡马克中经典输运是起决定性的输运机制，那么对小半径的要求就是

$$a^2 \sim 4\chi_i^{(C)}\tau_E = 0.4\frac{n_{20}T_k\tau_E}{B_0^2 T_k^{3/2}} \tag{7.21}$$

考虑在 $T_k \sim 10$ 时的点火条件 $F = n_{20}T_k\tau_E > 30$，假设 $B_0 < 5\ T$，可以得到

$$a > 0.12\ \text{m} \tag{7.22}$$

考虑典型的环径比 3，大半径不过 0.36 m，这就意味着托卡马克也能成为一个桌面装置了！

然而这个结果是过于乐观了，典型参数 $T_k = 10, n_{20} = 1, B_0 = 5$ 下，$\chi_i = 1.3\times10^{-3}$ m^2/s。而实际实验中测量到的 χ_i 为 1~10 m^2/s，超过经典输运预测的 1000 倍左右。因此，我们需要寻求其他导致输运增强的机制。

7.4.2　新经典输运

一种机制就是我们必须考虑环向几何的影响。正如磁场将等离子体“随机游走”的特征步长从平均自由程改变为回旋半径一样，环形几何将再次改变这个特征步长，即一次碰撞在空间上造成的效果。正如第 6 章讲过的，在环形系统中，粒子存在向上或向下的环漂移。回转变换的磁场使得磁力线可以连接强磁场区和弱磁场区，从而确保粒子不会直接漂移出去。但环漂移还是使得粒子的实际导心轨道偏离磁面，这个径向的偏离远大于回旋半径。尤其是当粒子具有较低的平行速度，粒子会由于“磁镜效应”被陷俘在环的外侧（弱磁场侧），这种粒子被称为“香蕉粒子”，如图 7.7 所示。理论表明这种香蕉粒子带来的输

运才是托卡马克等环形装置粒子和热损失的主要原因。我们这里简单估计一下香蕉粒子的输运水平。

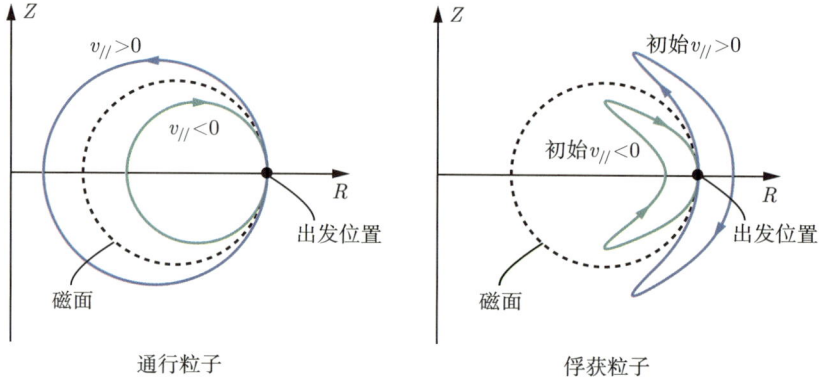

图 7.7　环位形的"磁镜效应"导致的粒子轨迹示意图。俘获粒子的轨迹在小截面的投影似香蕉状，故得名"香蕉粒子"

（资料来源：Freidberg J P. 等离子体物理与聚变能 [M]. 王文浩, 译. 北京：科学出版社, 2010. 图 14.9、图 14.14.）

环位形下的俘获粒子"香蕉粒子"在速度空间的示意图如图 7.8 所示。托卡马克强场区的磁场为 $B_0(1+r/R)$, 弱场区的磁场为 $B_0(1-r/R)$ ，因此这个"磁镜"的磁镜比为 $R_\mathrm{m} = 1+2r/R$ ，因此被俘获在弱场区的条件为

$$\frac{v_{//}^2}{v^2} < 1 - \frac{B_\mathrm{min}}{B_\mathrm{max}} = 1 - \frac{R_0-r}{R_0+r} \approx 2\frac{r}{R_0} \tag{7.23}$$

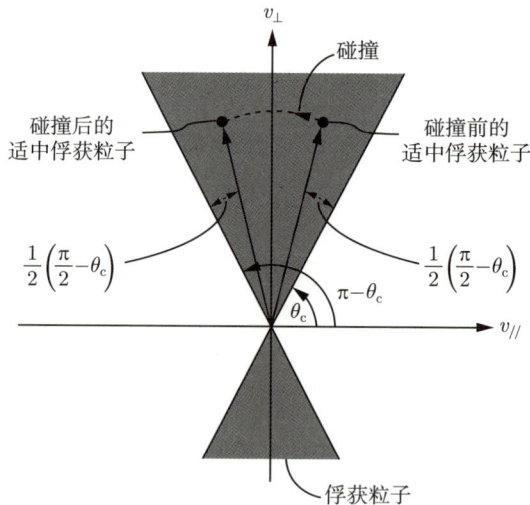

图 7.8　环位形下的俘获粒子"香蕉粒子"在速度空间的示意图

（资料来源：Freidberg J P. 等离子体物理与聚变能 [M]. 王文浩, 译. 北京：科学出版社, 2010. 图 14.12.）

根据之前学习的磁镜的知识，可得俘获粒子的比例 f 为

$$f \approx \sqrt{\frac{2r}{R_0}} \tag{7.24}$$

这说明对大环径比装置来说，俘获粒子占一个比较小的比例。

现在再来看碰撞的影响：如果碰撞造成平行速度的反向，即在图 7.7 中从一条轨道变到了另一条，就可以造成一个香蕉轨道宽度 Δ 的偏移，其大小为

$$\Delta = \rho_{\mathrm{L}} q \varepsilon^{-1/2} \tag{7.25}$$

式中，ρ_{L} 是拉莫尔半径；q 是安全因子；$\varepsilon = r_0/R_0$ 是小大半径之比，这个特征步长比 ρ_{L} 大了不少！最关键的是，由于平行速度很小，因此造成平行速度的反向只需要一个非常小角度的偏转，也就是如图 7.8 中靠近 $v_{//} = 0$ 轴的粒子只要很小的辐角变化就可跨过 $v_{//} = 0$ 一次；换言之，导致香蕉宽度尺度的"游走"的有效碰撞频率远高于 90° 散射（即辐角变化 90°）对应的碰撞频率，

$$\frac{\nu_{\mathrm{eff}}}{\nu} \sim \frac{(\pi/2)^2}{(\pi/2 - \theta_{\mathrm{c}})^2} \sim \varepsilon^{-1} \gg 1 \tag{7.26}$$

这就是说，比例很少的香蕉粒子对输运的贡献将占很大的比例。综上，根据随机游走图像，可以估计香蕉粒子造成的输运为

$$D_{\mathrm{NC}} \sim q^2 \varepsilon^{-3/2} \times \nu \rho^2 \tag{7.27}$$

更精细的理论得到几乎同样的结果，只不过前面的系数做了修正：

$$D_n^{(\mathrm{NC})} = 2.20 q^2 \varepsilon^{-3/2} D_n^{(\mathrm{C})} \tag{7.28}$$

$$\chi_{\mathrm{e}}^{(\mathrm{NC})} = 0.89 q^2 \varepsilon^{-3/2} \chi_{\mathrm{e}}^{(\mathrm{C})} \tag{7.29}$$

$$\chi_{\mathrm{i}}^{(\mathrm{NC})} = 0.68 q^2 \varepsilon^{-3/2} \chi_{\mathrm{i}}^{(\mathrm{C})} \tag{7.30}$$

这种考虑了环形几何效应的输运理论被称为**新经典（neoclassical）**理论。之所以仍然是"经典"，因为它还是碰撞主导的理论；而所谓的"新"就是因为其考虑了环向几何效应。

在讨论其数值大小之前，还需要考虑一下新经典输运的适用条件，上述香蕉粒子输运图像可以成立的条件是，碰撞要足够稀少，以便粒子可以完整地完成一个香蕉粒子的回弹，这条件可以表示为

$$\nu^* = \frac{\nu_{\mathrm{eff}}}{\nu_{\mathrm{b}}} = \frac{\nu}{\varepsilon} \frac{q R_0}{\sqrt{\varepsilon} v_T} = \frac{\nu q R_0}{v_T} \varepsilon^{-3/2} = \frac{q R_0}{\lambda_{\mathrm{mfp}}} \varepsilon^{-3/2} < 1 \tag{7.31}$$

这里 ν_{b} 为香蕉粒子的回弹频率，λ_{mfp} 为其平均自由程。对于典型反应堆的芯部，这个条件是满足的。因此新经典输运定义了一个碰撞极其稀少（类似中性气体中的分子流）但仍然由碰撞主导的输运状态，这个是磁化等离子体的特殊性质。

考虑到典型运行模式下安全因子为 $q = 3$，环径比为 $\varepsilon^{-1} = 6$ 左右，则离子热输运约为经典输运的 90 倍，为

$$\chi_{\mathrm{i}}^{(\mathrm{NC})} \approx 90 \chi_{\mathrm{i}}^{(\mathrm{C})} \tag{7.32}$$

我们注意到,这个水平尽管比起经典输运提高了两个数量级,但仍然比一般实验中的输运系数要低一个量级。只有在约束改善的运行模式下,部分区域的输运水平才会接近新经典水平,但这也从一个侧面证明了新经典输运的正确性。它提供了环形装置输运系数的下限。(仿照式 (7.21),思考:如果全局的输运都达到新经典水平,对小半径 a 的要求是多少?)

7.4.3 反常输运

超出新经典输运的输运之前一直被称作**反常(abnormal)输运**,它也一直是聚变等离子体物理研究的核心问题之一。经过数十年的研究,目前基本把反常输运定性为湍流(turbulent)输运。其基本的思想是这样的:约束等离子体的自由能释放往往会驱动多种微观不稳定性,不稳定性发展饱和使得等离子体呈现湍流状态,涨落的电磁场与涨落的等离子体相互作用,导致粒子或能量产生类似碰撞的输运。如果还要以随机游走的图像来解释,可以粗糙地认为,粒子在一次湍流去相关时间内可以自由游走湍流去相关长度。湍流输运的理论、实验和数值模拟研究相结合,已经基本定性和半定量地理解了等离子体约束和输运中的很多现象,但由于湍流问题的复杂性,尤其是多尺度带来的非线性使得湍流输运还无法像新经典输运那样提供完全自洽的、具备可预测性的输运系数的数学表达式。

7.4.4 经验定标律

面对输运理论面临的困难,聚变物理学家采用基于实验的经验定标律来获得约束的信息。对于目前托卡马克聚变堆采取的 H 模运行模式下

$$\tau_{\rm H} = 0.145 I_{\rm M}^{0.93} R_0^{1.39} a^{0.58} \kappa^{0.78} \bar{n}_{20}^{0.41} B_0^{0.15} A^{0.19} P_{\rm M}^{-0.69} \tag{7.33}$$

式中,参数单位依次为:s; MA, m, m, 1, 10^{20} m^{-3}, T, AMU, MW。这一经验公式与真实情况符合较好,如图 7.9 所示。这里,$P_{\rm M}$ 为辅助加热功率,由于其远大于欧姆加热功率,因此可以近似理解为总加热功率 P。由能量约束时间的定义可知,在稳态下

$$\tau_{\rm E} = \frac{W}{P - \dot{W}} \approx \frac{W}{P} \tag{7.34}$$

利用此关系,消去 $P_{\rm M}$ 得式 (4.46)

$$\tau_{\rm H} = 0.28 \frac{\varepsilon^{0.74}}{q_*^3} \frac{a^{2.67} \kappa^{3.29} B_0^{3.48} A^{0.61}}{\bar{n}_{20}^{0.91} \bar{T}_{\rm k}^{2.23}} \tag{7.35}$$

则聚变点火三乘积要求可写成

$$n_{20} T_{\rm k} \tau_{\rm E} = 0.28 \frac{\varepsilon^{0.74}}{q_*^3} \frac{a^{2.67} \kappa^{3.29} B_0^{3.48} A^{0.61} n_{20}^{0.09}}{T_{\rm k}^{1.23}} > 30 \tag{7.36}$$

这里面包含更多参数,需要更多的约束条件,所幸的是其中的安全因子 q,拉长比 κ 在之前都介绍过,而温度 T,质量数 A 都可以取典型值。考虑 $q_* > 2$, $T_{\rm k} \sim 10$, $\kappa < 2$, $B_0 <$

5 T, $A = 2.5$，近似地可以得到

$$a^{2.67} > 107 \frac{q_*^3 T_k^{1.23}}{\varepsilon^{0.74} \kappa^{3.29} B_0^{3.48} A^{0.61}} \sim \frac{3.1}{\varepsilon^{0.74}} \tag{7.37}$$

设 $\varepsilon = 0.33$，则

$$a > 2.1 \text{ m}, R > 6.3 \text{ m}$$

可以看出，比遵循经典输运求出的小半径式 (7.22) 大了很多，比遵循新经典输运对应的也大不少。

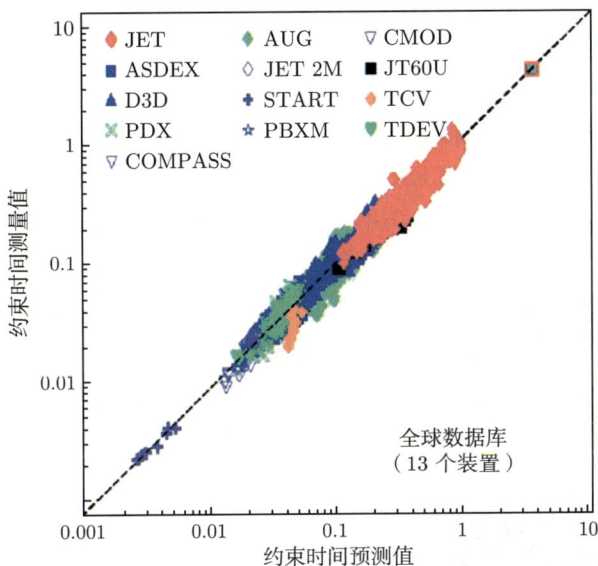

图 7.9　托卡马克约束的经验定标律 ITER-98H(y, 2)

（资料来源：ITER Physics Expert Group on Confinement and Transport et al 1999 Nucl. Fusion 39 2175. Fig 9.）

7.5　点火托卡马克的规模与参数估计小结

如图 7.10 所示，我们小结一下：在工程能力所能达到的

$$B_0 = 5 \text{ T}$$

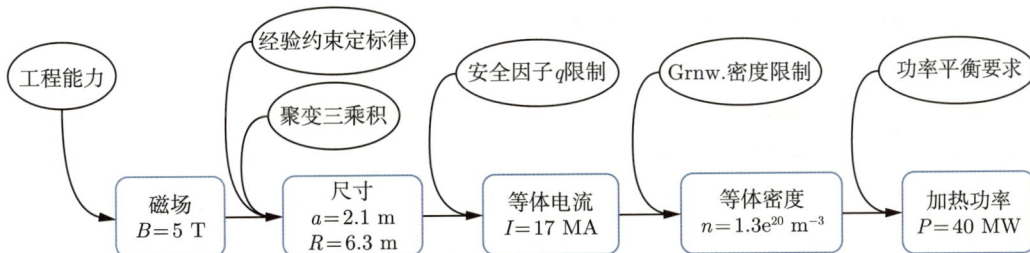

图 7.10　点火托卡马克的规模与参数估计

磁场下，设 H 模约束式 (7.33)，并假设好安全因子 q、环径比 ε 等的数值，我们可以给出达到点火条件下托卡马克的尺寸大约为

$$a = 2.1 \text{ m}, R = 6.3 \text{ m}, \kappa = 2$$

将磁场和装置尺寸代回到安全因子限制（考虑拉长比修正）式 (7.2) 中，得到等离子体电流

$$I \sim 17 \text{ MA}$$

将所得电流代回 Greenwald 极限式 (7.10)，得到平均密度

$$n \sim 1.3 \times 10^{20} \text{ m}^{-3}$$

再加上我们第 4 章计算的将等离子体加热到点火温度 7~10 keV 所需的辅助加热功率

$$P \sim 40 \text{ MW}$$

（如果考虑稳态运行，则需要提高到 110 MW 以上）这就是我们从最少的物理给出的点火托卡马克的规模和参数。如果和 ITER 对比（图 7.11 和表 7.1），你会发现主要参数几乎是一致的。在 Freidberg 的书中，有从功率平衡出发更加细致地考虑反应堆尺寸的描述，其结论也和这里的粗略估算一致。

在这里，唯一不是由物理决定的是磁场的大小。它由工程的限制条件决定，一方面是磁体材料本身决定了最高磁场的大小，包括磁压力对材料的限制，也包括超导磁体中磁场大小、电流密度大小和转换温度的关系；另一方面托卡马克等离子体中心处的磁场还由聚变堆结构，特别是聚变包层和磁体低温层的厚度决定。这一点我们将在第 8 章详细展开。

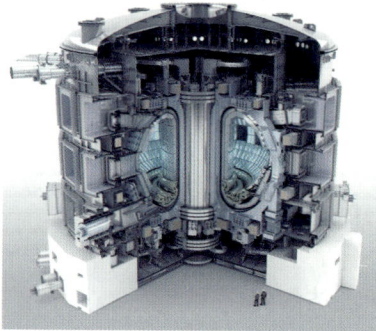

图 7.11　ITER 装置

（资料来源：

https://fusionforenergy.europa.eu/the-device/.）

表 7.1　ITER 装置的基本参数

大半径 R	6.2 m
小半径 a	2.0 m
磁轴环向磁场 B	5.3 T
拉长比 κ	1.7
等离子体体积 V	840 m³
等离子体电流 I_p	15 MA
总聚变功率 P_f	500 MW
能量增益 Q	>10
加热与电流驱动功率 P	73 MW
持续燃烧时间	500 s

思考题

7.1　欧姆加热功率通常只占等离子体加热功率的很小的一部分。

（1）计算 7.5 节给出的典型点火托卡马克运行中从冷等离子体到点火温度的运行过程中欧姆加热功率的变化（可计算其动态演化过程，也可简单计算等离子体温度分别为 100 eV，1 keV，10 keV 的几个典型状态下的欧姆加热功率值）。

（2）假如磁场可以提高到 8 T，那么欧姆加热功率会如何变化？

7.2　从新经典输运理论出发，估计一个达到点火条件的托卡马克的尺寸。

7.3　本讲给出了一个在 H 模约束下达到点火条件的托卡马克的尺寸估计：

（1）通常减小尺寸意味着降低装置造价，如果要进一步减小尺寸，则需要在哪些科学或技术上有所进展？

（2）如果实际建造的托卡马克尺寸上大于该尺寸，你觉得会是出于什么考虑？

7.4　假设 7.5 节给出的典型点火托卡马克中聚变功率为 500 MW，又已知等离子体半径与装置壁半径之比为 0.8，请估计面向等离子体的装置壁所承受的功率通量密度（单位 MW/m^2）？其中中子和等离子体携带的份额各为多少？

参考文献

[1] FREIDBERG J P. Plasma physics and fusion energy[M]. Cambridge: Cambridge university press, 2008.

[2] WESSON J, CAMPBELL D J. Tokamaks[M]. Oxford: Oxford university press, 2011.

[3] 袁保山, 姜韶风, 陆志鸿. 托卡马克装置工程基础 [M]. 北京: 原子能出版社, 2011.

从聚变装置到聚变电站

之前的两章讨论了如何利用不同的约束方式达到聚变能源利用的条件，即如何实现足够多的聚变反应使得能量获得超过能量输入，其核心是等离子体物理。这只是聚变能源利用的第一步，第二步是在实现足够多的聚变反应之后，如何恰当地取出聚变产生的能量，以及如何持续地维持这样一个能源系统，这就是聚变反应堆工程。本章将从聚变电站的可能结构出发，逐步了解这一工程，并将特别关注物理与工程的结合。

8.1 聚变电站设计的主要影响因素

作为一个设想中的聚变电站，聚变电站应该主要包含三部分功能：

（1）聚变堆芯实现和维持聚变条件；

（2）燃料循环，实现聚变燃料的生产和注入，以及废料的排出；

（3）聚变能量的提取与转换。

聚变电站的总体设计主要受两个因素的影响。首先是所选择的聚变反应，其次是所选择的约束方式。其中约束方式只影响聚变堆芯的设计，而聚变反应的选择则深刻地影响燃料循环和能量提取环节，从而在很大程度上决定了聚变电站的结构。

首先，聚变燃料如果是天然同位素，（例如 H，D，^{3}He，^{6}Li，^{11}B），则燃料循环体系就和传统的核燃料循环体系类似，根据需要的丰度对天然同位素进行分离即可；如果聚变燃料不是天然同位素，或者天然丰度极低，例如 T，就需要人工合成，这就意味着需要建立一个全新的燃料生产和循环的体系。

其次，聚变产物直接决定了能量提取和转化的方式，以及对结构材料和放射性屏蔽的要求。核心的问题是产物中是否包含中子：

（1）如果聚变产物包含中子且中子携带大部分能量，则只能采用中子慢化的办法提取能量，然后利用热交换并驱动热机：这种"烧开水"的方式和裂变电站或者化石能源电站没有太大的差别，都要受到卡诺循环热机效率的限制，能量利用效率只有 1/3～1/2。但是，这种中子取能方式也有其优点，它不会影响聚变堆芯等离子体的约束，而同时带电粒子能量可以留在约束体系内加热燃料等离子体，实现自然的自持燃烧模式。

（2）如果聚变产物不含中子或者中子能量占比很小，由于大部分能量都被带电粒子携带而被约束在磁场中，不能自发跑出来，则需要寻求合适的取能和约束的分流方式，图 8.1 所示的磁扩展器是一种取能概念设计，它利用了开放磁力线，适合开端装置，但它和主流的环形约束体系并不能直接结合；然后对于能量转换，可以采用离子收集器（图 8.2）或者磁流体发电机的概念实现能量的直接转化，效率远高于蒸汽热机。

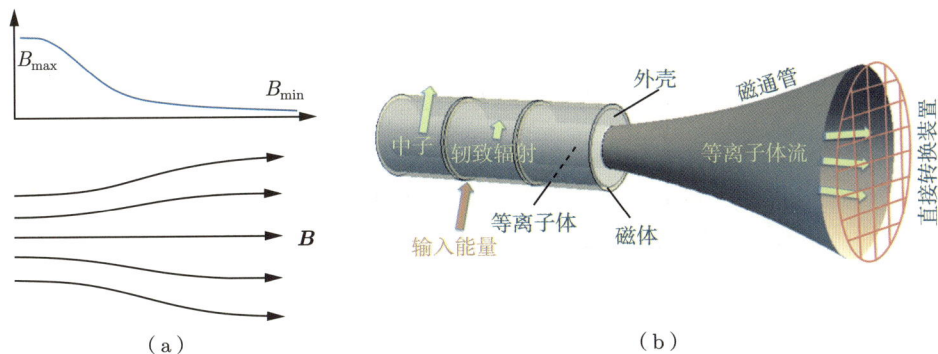

图 8.1　磁扩展器[3]

（资料来源：（a）John F. Santarius. Aspects of Advanced Fuel FRC Fusion Reactors[R]. 2016 US-Japan Workshop on Compact Torus. https://www.physics.uci.edu/US-JAPAN-CT2016/Program_Abstracts/CT2016_Book.pdf. P19. （b）Roth J R. 聚变能引论 [M]. 李兴中，译. 北京：清华大学出版社，1993. 图 13.13.）

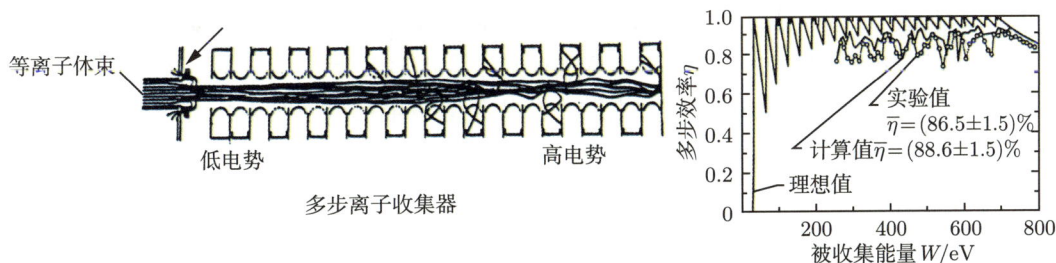

图 8.2　离子收集器[3]

（资料来源：Roth J R. 聚变能引论 [M]. 李兴中，译. 北京：清华大学出版社，1993. 图 13.16，图 13.17.）

　　最后，放射性屏蔽方面。无中子反应可以极大地简化对放射屏蔽的要求，结构材料也没有中子活化的风险。即使在有少量中子发生的情况下，这个简化也是显著的。以 D-^{3}He 反应为例，由于 D-D，D-T 伴生反应的发生，系统也有少量中子产生，但是通过提高 ^{3}He 浓度，降低 D 浓度，可以有效降低中子产额。计算表明，当 ^{3}He 与 D 的浓度比为 3:1 时，在 20 keV 等离子体温度下，中子功率占比低于 5%，用水屏蔽就可以实现放射性屏蔽，而不需要额外的包层屏蔽，如图 8.3 所示。在第 3 章也提到，正是从利于直接能量转化和便于屏蔽的角度上，人们把 D-^{3}He，p-^{11}B 这样的无中子反应称为先进燃料反应。

　　但是，必须再次指出的是，D-T 反应是反应性最高的聚变反应。反应性决定了聚变能源所需的等离子体参数性能，并决定了堆芯设计所需的条件。尽管上面讨论了各种可能，在聚变能利用尚未实现的今天，聚变的反应性才是我们优先要考虑的，在这一点上 D-T 反应具有明显的优势。在下文中，我们将讨论 D-T 聚变电站的基本结构。

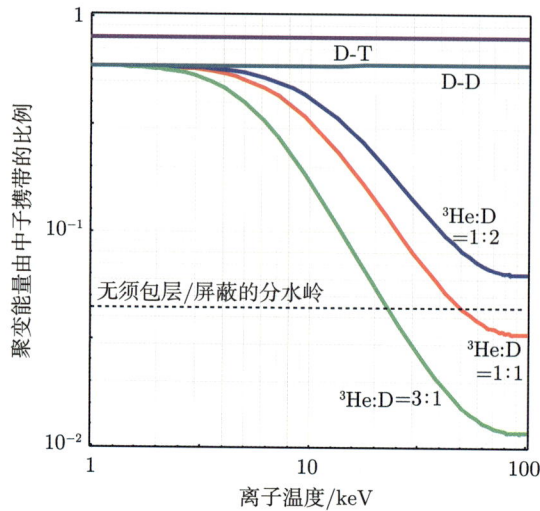

图 8.3　D-^{3}He 反应中子产额与燃料比的关系

（资料来源：Santarius J F. D-^{3}He Physics and Fusion Energy Prospects[R]. Innovative Confinement Concepts Workshop 2004. `https://fti.neep.wisc.edu/fti.neep.wisc.edu/presentations/jfs_dhe3_talk_icc0504.pdf`.P7.）

8.2　D-T 聚变电站的基本结构

D-T 反应是一个典型的聚变产物包含中子，而且中子携带大部分能量的聚变反应，这就必须从包层中利用中子慢化和热交换取出能量，因此 D-T 聚变堆的总体结构应该与裂变堆类似，包含常规岛和核岛部分。常规岛部分和其他核电站或者热电厂并无区别，不再展开阐述。而在核岛部分，约束方式决定聚变堆芯的具体结构。同时，聚变堆的燃料之一 T 需要由中子与 Li 的反应产生，而 D-T 聚变本身就是一个产生中子的反应，因此 T 生产的过程一定是在聚变反应现场完成，而不是和聚变反应分离的。

图 8.4 是一个磁约束 D-T 聚变电站的功能示意图。围绕环形反应堆堆芯，主要包含燃料循环过程和能量的提取转换过程。由于氚增殖需要利用聚变中子，因此二者在实际结构上是有交错的。

图 8.5 给出一个托卡马克类型聚变堆芯的结构示意图。聚变等离子体产生的中子在聚变包层中产生 T，同时把热沉积并交换出来，在包层和聚变等离子体之间存在面向等离子体的第一壁、在包层之外还需进一步地屏蔽才到达真空室（VV）。真空室后面是磁场线圈，如果是超导线圈，则需要低温系统的支持。需要指出的是这种层状结构源自聚变中子的各向同性，但它给聚变堆的维护带来了极大的困难，尤其是对聚变堆芯的诊断和第一壁的维护提出了严苛的技术挑战。

我们将图 8.5 中磁约束聚变堆芯的层状结构进一步抽象成图 8.6 。在本章其余的大部分内容中，我们将大体按照由内及外的顺序对聚变堆芯的层状结构、功能进行进一步的讨论，从而对聚变堆可能的结构、规模和运行方式有初步的了解。

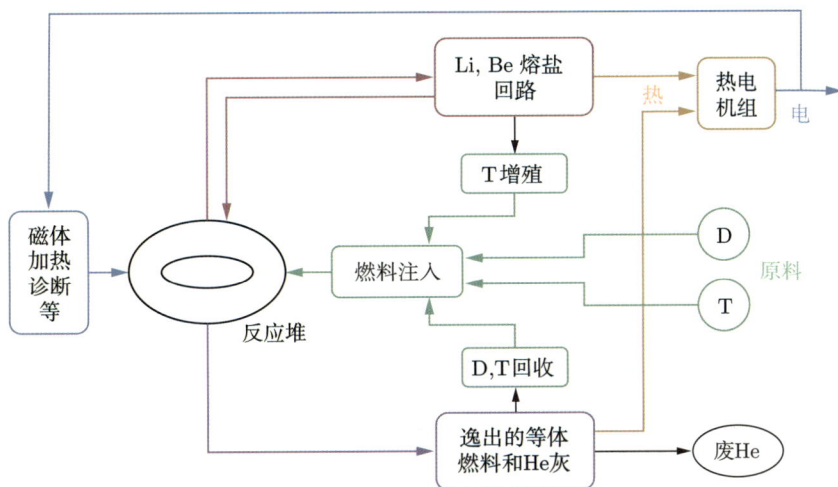

图 8.4　一种磁约束 D-T 聚变电站功能示意图

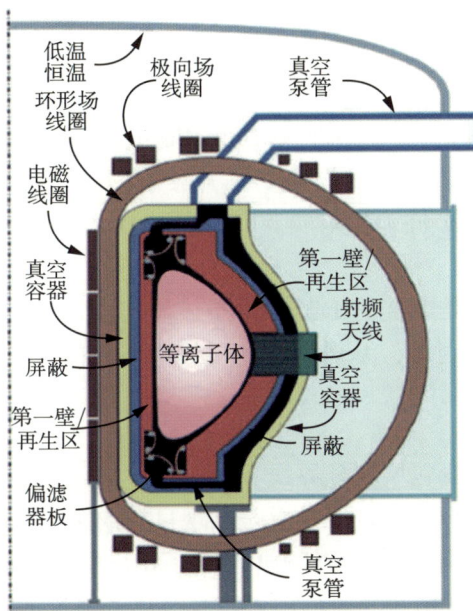

图 8.5　托卡马克类型聚变反应堆堆芯结构示意图[6]

（资料来源：陈凤翔. 一个不可或缺的真相——聚变能源如何拯救地球 [M]. 何木芝，译. 北京：科学出版社, 2020. 图 9.9. 原英文版：Abdou M, Challenges and development pathways for fusion nuclear science and technology. Seminar, Seoul National University, S. Korea, Nov 2009.）

　　惯性约束聚变电站和磁约束聚变电站在功能模块上差别不大，除了不包含磁体层外，其余结构是类似的，只稍有差别。图 8.7 所示是一个 D-T 激光聚变电站的示意图。和磁约束电站相比，激光聚变电站各部分相对独立，在燃料循环部分需要一个相对独立的靶制备系统，驱动器部分也是明确的。激光聚变电站中单个靶室只能脉冲运行，因此需要驱动器和靶注入器的同步。其他包层材料问题与磁约束聚变堆类似。

图 8.6　聚变堆芯的层状结构示意图

燃烧等离子体　第一壁　包层　屏蔽层　结构支撑　真空室壁　超导磁体　安全壳

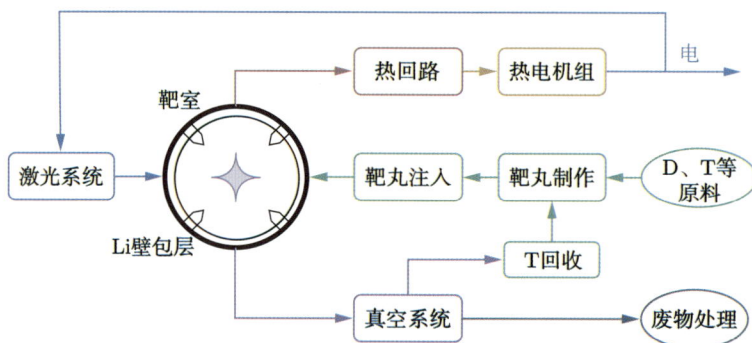

图 8.7　激光惯性约束 D-T 聚变电站功能示意图

8.3　等离子体-壁相互作用

聚变堆芯最中心的部分是燃烧的 DT 等离子体，其达到聚变点火所要求的尺寸、参数及外部条件已经在第 7 章中讨论。从燃烧等离子体向外，首先看到的是第一壁。

8.3.1　第一壁

第一壁是等离子体与聚变包层的分界线。

对于磁约束聚变等离子体而言，第一壁是实现良好约束的边界条件。因此对第一壁的总体要求是与约束等离子体相容，即在实现热和粒子排出的同时，保持稳定的边界条件，不影响约束性能。一方面，第一壁在热流、中子流及等离子体流的辐照下的损伤要尽可能小，减少杂质离子的产生，降低其进入约束区的可能性；另一方面，第一壁应该具有低的再循环系数，尤其是对燃料离子的滞留率要低，尽可能降低对燃料循环的要求。此外，考虑到长脉冲运行的需要，第一壁需要高的热导率，从而尽快交换沉积在其上的热量，维持稳定的边界条件（而对于惯性约束聚变，由于燃料区（靶丸）到真空室间有巨大的空隙，因此对第一壁的要求不是那么显著，但其降低边界对聚变燃烧影响的功能是一致的）。第一壁还必须具备很好的中子透明性，这样既不会在第一壁上沉积中子能量，也避免第一壁的中子活化。如果考虑到第一壁对包层的覆盖，则要求第一壁有高的熔点，同时具有良好的可加工性和可连接性。

一言以蔽之，我们需要第一壁极为皮实——直面炽烈的核聚变等离子体而保持性质稳定，这对材料学提出了严苛的要求。为了减轻第一壁的压力，人们想了许多巧妙的方法，其中有代表性的就是下节所说的偏滤器。

8.3.2　偏滤器

聚变等离子体排出的热和离子是第一壁面临的巨大考验。带电粒子及 X 射线轰击在材料表面，可以引起溅射、侵蚀、二次电子发射等材料的破坏。同时在壁与等离子体作用过程中的热沉积以及辐射热量在壁上的沉积组成的热壁负荷需要主动冷却排走，否则会导致结构的变形或破坏。我们至少需要避免等离子体直接接触第一壁，或者专门划出一片区域的"第一壁"来与等离子体直接接触、限定其边界，来减轻其他部分的压力，就好比航天返回舱的烧蚀层一样。

在早期聚变研究中，直接采用实体的**限制器**（limiter，也称孔栏）作为限定等离子体边界的结构。当等离子体轨道超出约束面后，粒子将直接打击到限制器表面，如图 8.8 所示。限制器多采用石墨或者金属的钨或者钼，因为它们能够承受高温。但限制器受到打击后产生的杂质可以轻易地进入约束区，通过杂质辐射降低等离子体约束性能，因此和等离子体的高性能约束是不相容的。所以，低参数短时间的等离子体放电下用限制器运行是安全的，但这一点在堆级装置下就不再是可行的了。

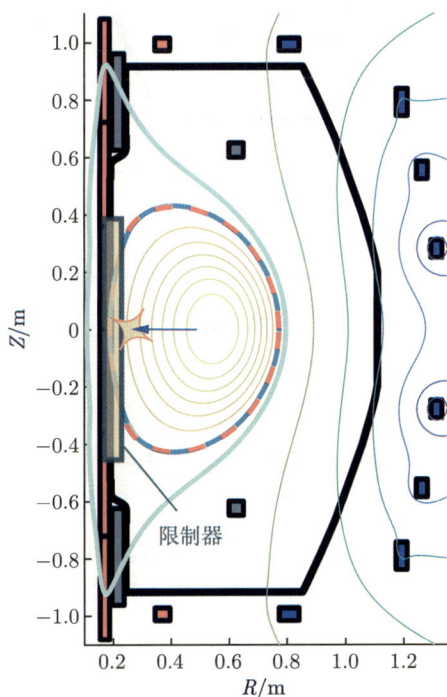

图 8.8　限制器位形

为避免高温等离子约束区与材料直接接触，在第一壁与芯部高温等离子体之间，通常还会有被称作"边缘等离子体"的过渡区。目前的大型聚变装置通常采用**偏滤器**（divertor）

设计，即利用与等离子体电流相同的外部线圈电流产生极向磁场为零的分界点，在封闭的约束区外形成开放的磁力线区，然后再过渡到第一壁上，如图 8.9 所示。也就是说，除了中子流是各向同性地向四面八方传播的外，从约束区排出的大部分带电粒子及其携带的热量被磁力线引导至远离约束区的偏滤器靶板上。偏滤器的概念来自仿星器及回切场约束，但在托卡马克下大获成功。在偏滤器位形下，大功率的加热极大地提高了等离子体的参数，接近点火条件。

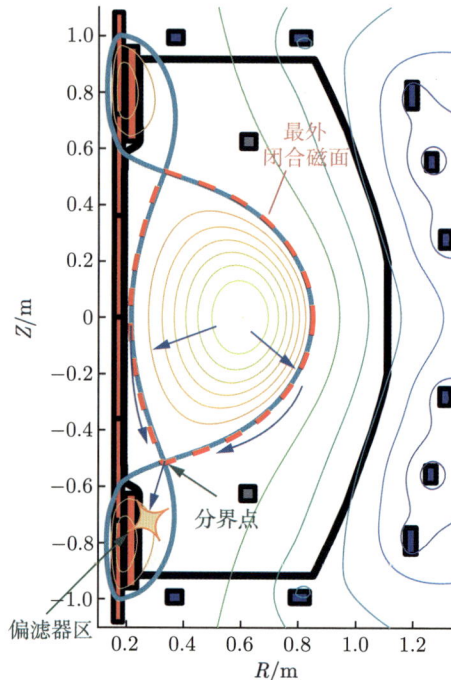

图 8.9　偏滤器位形

但这也就意味着从约束区输运出来的等离子体流及其携带的热流将主要沉积在偏滤器上。按照目前的设计，在未来聚变堆的条件下，粒子流通量可以达到 10^{24} m$^{-2}\cdot$s^{-1}，稳态热流达 20 MW$\cdot$m^{-2}，瞬态热流可达 1 GW$\cdot$m^{-2}，且要保持稳态运行，这就对偏滤器靶板材料提出了极限的要求。反过来，如果靶板材料无法达到要求，那么就需要降低到达靶板的粒子流和热流，这就要求物理设计上的改变，比如装置结构的改变或者更先进的偏滤器设计。典型的先进偏滤器设计思路包括增加偏滤器靶板上打击点或者延长到达偏滤器靶板的路程，但这些物理设计又会带来新的物理上和工程上的困扰。这里典型地体现了聚变研究中在极限条件下物理和工程的相互制约。

8.3.3　第一壁材料选择

研究中使用到的第一壁材料主要有碳、铍和钨，它们各有优缺点。

（1）碳（C）具有热力学性能好、不易融化、升华温度高的特点，尤其是 C 作为低 Z 材料与等离子体的相容性好，在很长一段时间内，石墨及碳纤维材料都是聚变实验装置第一壁的选择。但 C 容易在物理溅射和化学刻蚀的作用下损坏，因此服役寿命较短，在中子辐照下性能也会变差，而且很关键的一点，C 材料可以大量吸附 H 的同位素，造成比较严重的再循环和燃料滞留。

（2）铍（Be）是另一种低 Z 材料，它对 H 的同位素滞留较小，没有化学溅射。但是 Be 的熔点较低，其物理溅射也比较严重，不能承受大的热负荷和带电粒子负荷。此外，Be 具有毒性，需要小心处理。

（3）钨（W）则刚好相反，它是高 Z 材料，因此与等离子体相容性差，等离子体中 W 的浓度必须小于 10^{-5}，否则将会有强烈的杂质辐射。但 W 的高熔点、低物理溅射率使其有可能承受大的热负荷和带电粒子负荷。W 对 H 及其同位素的滞留极低，不与 H 发生化学反应，这也是非常突出的优点。但 W 的脆性使得其机加工及与其他热沉材料连接比较困难。

对于偏滤器之外的第一壁，考虑到是以中子辐照为主，因此可以考虑采用 Be 作为第一壁材料，但如果热负荷足够大，Be 有融化的风险，就需要采用 W 等更高熔点的材料。而在偏滤器部分，热负荷和粒子冲击的负荷非常强烈，因此需要高耐热的材料，然而事实上还有更加重要的因素影响偏滤器第一壁材料的选择，那就是 T 滞留。在目前使用石墨的托卡马克中，T 滞留主要是由 C 的迁移及再堆积到偏滤器温度较低的区域而引起的。而 ITER 中所允许的 T 的滞留量为 700 g，如果在偏滤器打击点附近使用碳纤维材料（CFC），则只能开展几百次放电。因此，在 ITER 偏滤器已经决定全部采用 W 材料。但是由于 W 作为高 Z 材料，在约束等离子体区的杂质浓度容许度很低。此外，W 材料能否在高的、长时间的热辐射下保持材料的良好性能，还有待进一步验证。

锂（Li）作为一种第一壁材料也常被提及，事实上 Li 和中子可以发生反应，并不是通常意义上良好的第一壁材料。但 Li 具有很好的控制再循环能力，因此有利于芯部等离子体的约束性能，同时 Li 可以作为液态存在，可以把热量带走，避免材料损伤，有可能实现长时间稳态地运行。Li 是一种把第一壁和包层融合起来的方案，但有待继续研究。

8.4　聚变包层

8.4.1　聚变包层的功能与结构

携带能量的中子通过第一壁后到达聚变**包层**（blanket）。包层是聚变反应堆中一个复杂的、核心的、高度工程性的部分。从功能上，包层是最主要的聚变中子能量的沉积区，也是 T 的增殖区，同时还要起到部分屏蔽作用。图 8.10 给出了一个简化的聚变包层分区示意图。我们可以跟随中子的步伐，从内向外依次对其进行简单介绍。

在第一壁之后，在中子慢化区和增殖区之前，首先有一个中子倍增层（neutron multiplier）。原因是一次 D-T 反应只产生一个中子，而一次中子和 ^{6}Li 反应只能产生一个 T 核，由于材料吸收等不可避免的中子损失，需要通过中子倍增反应适当提高中子数量。通常所采用的中子倍增剂有 Be、Pb 等。例如通过 $^9\text{Be} + n \longrightarrow 2\,^4\text{He} + 2n$ 可以由一个中子产生两个中子。

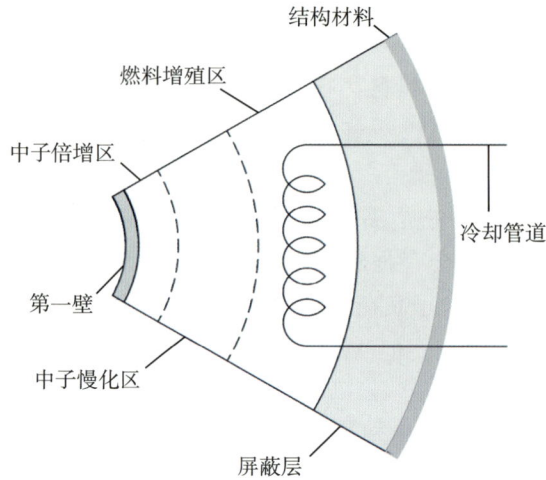

图 8.10　聚变包层分区示意图[1]

（资料来源：Freidberg J P. 等离子体物理与聚变能 [M]. 王文浩, 译. 北京：科学出版社, 2010. 图 5.5.）

　　其后是慢化层（moderator）和增殖层（breeder）。它们在功能上是分开的，但在实际结构上可以是结合在一起的。因为中子通过和 Li 反应生产 T，而同时 Li 的化合物也是很好的慢化剂。关于 Li 和中子反应生产 T 的方程在第 3 章已经有介绍，中子与 ^6Li 和 ^7Li 的反应截面如图 8.11 所示。Li 元素的天然丰度，^6Li 为 7.5%，^7Li 为 92.5%。不难发现，慢中子相比快中子与 ^6Li 的增殖反应截面大得多，而慢化截面则几乎不随中子能量变化，因此可以合理假设在功能上是先慢化后增殖。

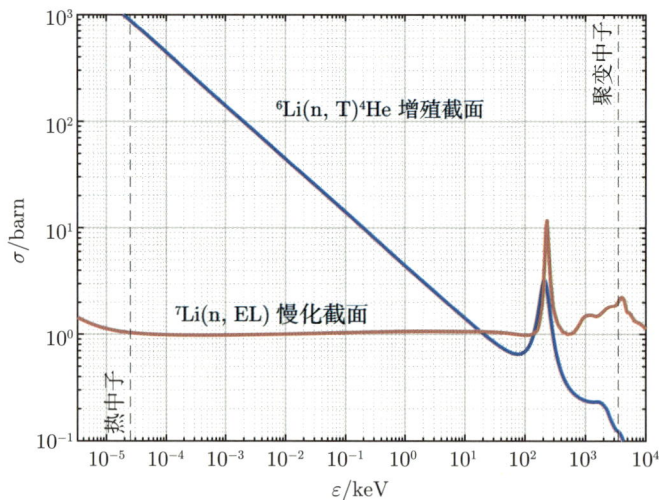

图 8.11　中子与 ^6Li 的增殖截面和与 ^7Li 的慢化截面（与 ^6Li 的慢化截面几乎相同）

　　沉积的能量要通过冷却剂（coolant）带出，最后转化为热能或者电能利用。冷却剂可以是液体或者气体。高温高压水/蒸汽是成熟的冷却剂，但也存在腐蚀等问题。He 气具有化学性质稳定、出口温度更高等优点，但 He 气具有相对低的热容，存在着向真空室泄漏的可能性等缺点。同时流动的 He 气可能携带 T，对 T 的提取提出了要求。如果采用含 Li 的熔盐（如 FLiBe，FLiNaBe）作为增殖材料，就可以把倍增、慢化、热交换和增殖合并在一起。类似地，采用液态金属 Li 或者 PbLi 同样也可以把增殖和冷却合并。但每种选择都会带来工程上的折中，也就是在获得某项优点的同时会带来另外一些工程上的困难。

在慢化和增殖层外，还设置了一个屏蔽层（shield），其作用是对少量穿过包层的中子及其次生的伽马射线进行屏蔽吸收，以保护更外侧的磁场线圈层。

最后，所有这些功能性结构必须通过结构材料（structural material）形成模块化的构件才能方便地在聚变堆中安装、维护及更换。包层结构材料要求低中子活化特性，同时与冷却剂具有良好的相容性，并综合考虑安全、气体排出和等离子体性能影响等因素。目前候选的结构材料包括铁素体或马氏体不锈钢、钒合金、碳化硅等。不锈钢是成熟的结构材料，可以进行大规模生产，通过合金元素的配比在抗热应力、抗辐射性能上也取得了很好的进展，但总体上与其兼容的冷却剂温度在 300～500℃，导致能量转换后端的热机效率不高。钒作为低活化元素，快中子吸收截面小，对液态金属锂、钠、钾等有良好的抗蚀性，具有良好的强度和塑性，好的加工性能，抗辐照脆化，抗辐照肿胀；但等离子体对其杂质容许度低，且对其研究较少。碳化硅是一种新型的结构材料，由于在航空上的应用驱动得到了比较深入的研发，其具备低活化性和高温下的高机械强度等优势，有可能和高温氦冷系统相容，但其在辐照肿胀/变脆、气体密封性、与金属的连接方法等方面都还需要深入研究。

表 8.1 是 ITER 包层的例子，中国、欧盟、日本、韩国、印度都给出了自己的方案。多种包层方案长期并存、不断优化会是聚变工程研究的重要课题。

表 8.1　各方给出的 ITER 包层材料的方案

	欧盟 1	欧盟 2	日本	韩国	中国	印度
倍增剂	PbLi	Be	Be	Be	Be	PbLi
增殖剂	PbLi	硅酸锂/锑酸锂	硅酸锂/锑酸锂	硅酸锂/锑酸锂	硅酸锂	PbLi
冷却剂	He 气	He 气	水	He 气	He 气	PbLi/He 气
结构材料	钢	钢	钢	钢	钢	钢

8.4.2　混合堆包层

事实上，如果在包层中添加不同成分的裂变材料，可以将裂变聚变结合起来，这被称为**混合堆**概念，如图 8.12 所示。在混合堆概念下，聚变的作用是作为一个高通量的中子源提供中子，而主要能量的来源来自裂变；或者利用聚变中子，实现裂变材料的增殖或者裂变产物的嬗变。混合堆为人类更早用上有竞争力的聚变能提供了可能性，也使得人类可以更加有效地利用裂变核资源和处理核废料。同时，由于混合堆中的裂变反应不需要达到临界水平，包层中功率密度只有裂变堆芯的 1/100～1/10，运行会更加安全。然而，混合堆也有其固有的矛盾，或者说，它仍然包含甚至加大了聚变堆和裂变堆的困难。裂变堆固有的放射性、安全性等问题只是弱化，也可能由于聚变堆芯的设计要求会在某些方面增加不确定性；而聚变堆芯所要求的高真空、强磁场以及第一壁的选择也可能会在裂变辐射背景下更难处理。另外，聚变裂变堆还会直接面临核不扩散等军控问题。

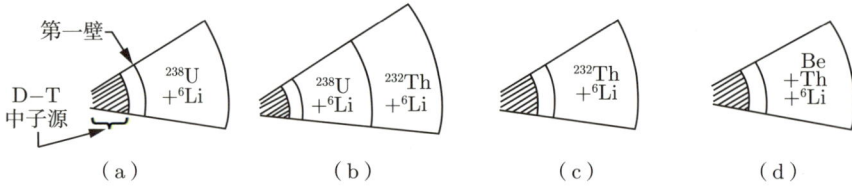

图 8.12　聚变裂变混合堆的几种可能选择[3]

（a）^{238}U 快裂变包层生产 Pu 和大量裂变功率；（b）^{238}U+^{232}Th 快裂变包层生产 Pu+^{233}U 和裂变功率；（c）^{232}Th 快裂变包层生产 ^{233}U 和一些裂变功率；（d）^{9}Be 压抑裂变包层生产 ^{233}U 和少许裂变功率

（资料来源：Roth J R. 聚变能引论 [M]. 李兴中，译. 北京：清华大学出版社，1993. 图 15.13.）

8.4.3　包层厚度估算

在本节的最后，对聚变包层厚度进行估算也许是有意义的。如同第 7 章从聚变条件的达成估算聚变堆芯的尺寸一样，聚变包层厚度在很大程度上决定了聚变堆的规模。根据前面的讨论，我们可以将慢化和增殖分开考虑。

在慢化过程中，考虑所有 Li 原子对中子的碰撞性慢化，中子能量不断衰减

$$E(x) = E_{\mathrm{n}}\mathrm{e}^{-x/\lambda_{\mathrm{sd}}} \tag{8.1}$$

式中，$E_{\mathrm{n}} = 14.1$ MeV；$\lambda_{\mathrm{sd}} = 1/n_{\mathrm{Li}}\sigma_{\mathrm{sd}} = 0.22$ (m)，这里 $n_{\mathrm{Li}} = 4.5 \times 10^{28}$ m^{-3} 是天然 Li 的数密度，慢化截面 $\sigma_{\mathrm{sd}} = 1$ b 且假设没有能量依赖性。

而在增殖过程中，只考虑中子与 ^{6}Li 的反应，每次反应损失一个中子，因此中子通量不断减少，有

$$\frac{\mathrm{d}\Gamma_{\mathrm{n}}}{\mathrm{d}x} = -\frac{\Gamma_{\mathrm{n}}}{\lambda_{\mathrm{br}}(E(x))} \tag{8.2}$$

式中，$\lambda_{\mathrm{br}} = 1/n\sigma_{\mathrm{br}}$；$n = 0.075n_{\mathrm{Li}}$；而增殖截面满足 $1/v$ 律，即 $\sigma_{\mathrm{br}} = \sigma_{\mathrm{br0}}\sqrt{E_{\mathrm{t}}/E}$，其中 $\sigma_{\mathrm{br0}} = 950$ b，$E_{\mathrm{t}} = 0.025$ eV。

将两个过程结合起来，就可以计算中子通量随中子行进路程增加而减少的过程，解为

$$\frac{\Gamma_{\mathrm{n}}(x)}{\Gamma_{\mathrm{n0}}} = \exp\left[-2\left(\frac{E_{\mathrm{t}}}{E_{\mathrm{n}}}\right)^{\frac{1}{2}}\frac{\lambda_{\mathrm{sd}}}{\lambda_{\mathrm{br0}}}\left(\exp\frac{x}{2\lambda_{\mathrm{sd}}} - 1\right)\right] \tag{8.3}$$

式中，$\lambda_{\mathrm{br0}} = 1/n\sigma_{\mathrm{br0}} = 3.1$ (mm)。注意，这里的 x 是中子行进路程而非进入包层的垂直距离。

假设设计要求中子在经过慢化和增殖包层后，其通量减少到原来的 1%，那么可以计算其经历的中子行进路程约为 $\Delta x = 2.95$ m，该路径长度对应的慢化碰撞次数为 $n = \Delta x/\lambda_{\mathrm{sd}} = 13.4$。假设中子慢化过程中碰撞运动是无规则"醉汉"行走，那么中子实际扩散距离为

$$r = \sqrt{n}\lambda_{\text{sd}} \approx 0.8 \text{ m} \tag{8.4}$$

即包层厚度大约为 0.8 m。

8.5　聚变燃料循环

燃料循环系统包括：燃料生产、燃料注入和废料排出。其中后面两个环节和聚变等离子体堆芯物理密切相关，而燃料生产在 D-T 聚变堆中则被称为氚工厂。

之前已经提过，燃料分子的补充包括来自壁的粒子再循环和外部的燃料注入。通常粒子再循环是维持等离子体密度的主要过程，也就是说再循环系数都接近 1。然而在过高的再循环系数下，等离子体密度控制能力下降，对约束性能及稳态运行都是不利的。尤其是高的再循环会导致 T 的高滞留，增加对氚增殖的压力。因此降低粒子再循环系数，采用主动的燃料注入是非常有必要的。

燃料注入在目前的聚变研究装置中已经有非常多的积累，燃料注入的方式包括边界处的喷气和来自器壁的再循环（通常希望尽量降低），稍微深入一些的气体射流（gas jet）或者超声分子束注入（SMBI）；更加深入一点的冷冻弹丸注入（pellet injection）及与加热结合在一起的中性束注入（NBI）。为了更大量的燃料注入，还尝试了紧凑环等离子体的整体注入。但这些所有的技术手段都需要在聚变堆的条件下进行验证。总体而言，随着装置尺寸的增大，直接注入到芯部的难度增加，可能需要燃料粒子向内的对流过程，这就需要对燃料在燃烧等离子体中的输运过程有更深入、更自洽的理解以消除可能出现的不确定性。

与注入相比，因为实验条件的限制，将氦灰排出约束等离子体体系的研究则要少得多。尽管物理上试图利用湍流输运的同位素效应或者 α 通道效应（利用波与特定选择的粒子反应使其向径向外部输运），但目前最可行的还是在粒子输运出约束区后通过抽气方式排出。

最后，燃料 T 的增殖需要在聚变包层中实现，抽气排出的 T 需要被重新收集，这对于 D-T 聚变堆而言至关重要。这里首先引入一个 T 燃烧率或者燃耗比的概念，有

$$燃烧率 F = \frac{单位时间发生聚变的\ T\ 粒子数}{单位时间添加的\ T\ 粒子数} \tag{8.5}$$

在稳态时，有效添加的粒子数等于发生反应的粒子数加上各种机制损失的粒子数，因此，在加料效率确定的情况下，有

$$F = 1 - \frac{1}{1 + n_{\text{D}}\langle\sigma v\rangle\tau_{\text{p}}} \tag{8.6}$$

式中，$n_{\text{D}}\langle\sigma v\rangle$ 就是聚变反应速率；τ_{p} 为粒子的平均约束时间，略大于能量约束时间，在不考虑辐射损失时可以认为能量和粒子的约束时间大体相等。在典型参数下，可以得到燃烧率是千分之几到百分之几的量级。

一个设想的氚工厂，应该包含三个循环：内循环、外循环和氚包容，如图 8.13 所示。内循环包含从等离子体抽气中的氚回收和同位素分离；外循环包含 T 从增殖包层中的增殖和提取；而氚包容指各系统中 T 的约束，及对包容系统向环境排出介质中 T 的去除。在理

想的情况下，一次 D-T 反应消耗一个 T，产生一个中子；而一个中子通过与 Li 反应，产生一个 T，这样就可以实现 T 的循环。但考虑到实际过程，氚工厂对 T 的回收率 η 不是百分之百，而燃烧率 F 又是一个很小的值，因此每一次 D-T 反应后在包层中产生的 T 核数需要大于 1，这就是增殖比的概念。最简单的模型下，增殖比的要求依赖于燃烧率 F 和 T 工艺系统的回收率 η，为

$$\text{T 增殖比 (TBR)} > 1 + \frac{1-\eta}{\eta F} \tag{8.7}$$

在 1% 燃烧率，如果 T 工艺系统的回收率大于 99.9%，TBR 大于 1.1 即可满足 T 自持。如果考虑 T 工艺滞留时间和 T 的衰变损失，所要求的 TBR 还需要稍大一点。

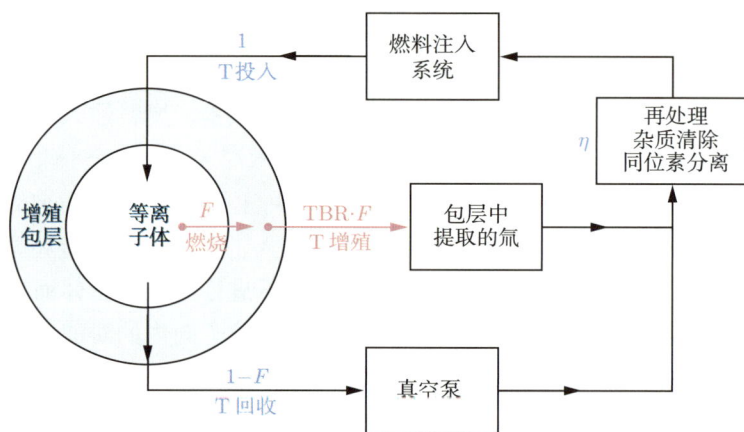

图 8.13　D-T 聚变堆的 T 循环[3]

TBR—氚增殖比。

（资料来源：Roth J R. 聚变能引论 [M]. 李兴中，译. 北京：清华大学出版社，1993. 图 14.4.）

在对聚变包层的介绍中已经提到增加合适的倍增剂可以实现氚增殖，但由于倍增剂是吸收能量的，因此达到合适的氚增殖比满足自持要求即可。

氚工厂是个具有相当难度和不确定性的工程。这个不确定性并不仅仅在技术原理上，而是由于规模的跨度过大，聚变反应堆所需要的 T 远远超出人类社会之前对 T 的需求。以设计中的中国聚变工程实验堆（CFETR）1 GW 运行为例，大约需要 1~2 kg 的 T 在系统中循环，每天放电预期消耗 154 g 的 T，增殖 T 应略大于消耗量，向环境排放预期为每年低于 3 g（ITER 的年排放限值为 1 g，实际按 0.6 g 进行控制），如此大规模的氚操作量在人类实践中是空前的。

8.6　磁体与稳态运行

在聚变包层外面，经过进一步的辐射屏蔽，到达真空室。目前，大型托卡马克装置的真空室多采用双层壁的结构，一方面可以降低等离子体启动的难度，另一方面可以利用两

层之间真空或者冷却保证堆芯运行的真空、低温环境以及降低燃料的穿透。真空室的外侧就来到了**磁体层**。

考虑到聚变电站的功率输出必须是稳态的。原则上几组采用常规导体的反应堆联合也可实现对电网的稳定输出，但脉冲式反应堆装置结构会受到周期性热应力和机械应力的作用，为装置运行和维护带来风险。另外，从功率平衡的角度，常规磁体会在运行期间耗散掉大量的欧姆功率，对提高总的工程增益不利。因此未来磁约束聚变堆有很大可能性选择超导磁体，采用稳态运行模式。

磁约束聚变反应堆的超导磁体需要在极其严酷的运行环境下工作：包括辐照、低温、复杂电磁环境。以中国聚变工程实验堆为例，堆级磁体运行状况需要大尺寸（20 m）下的高精度，承受大电流（100 kA 量级）、强场（15 T）、低温高电压（10 kV@4.5 K）、高应力负荷（700 MPa）、高储能（150 GJ）等严苛条件。同时，聚变堆层状结构的复杂性基本决定磁体的不可维护性，而磁体损坏还可能导致核物质泄漏。此外，超导磁场系统需要有低温系统保障，对失超有严格的处理措施，对辐射的屏蔽要求也更严格。因此磁体一般放在真空室壁的外面，同时在真空室之前还要进行严格的屏蔽。屏蔽层的厚度主要取决于磁体系统的要求，大体上也需要 1 m 量级的尺寸。

和目前的聚变实验装置相比，未来聚变堆的磁场线圈更加远离芯部的等离子体，中间隔着数米厚的聚变包层、屏蔽层及低温系统，因此聚变等离子体中心处的磁场远小于磁体附近处的磁场。考虑到第 7 章我们得到等离子体柱的小半径 a 大约为 2 m，大半径 R 为 6 m，而聚变包层和屏蔽层的厚度 b 也在 2 m 左右，如图 8.14 所示。磁体最强磁场与等离子体中心处磁场的关系为

$$B_0 = B_{\max}\left(1 - \frac{a+b}{R_0}\right) \tag{8.8}$$

假设磁体可以提供的最强磁场为 15 T，那么在等离子体中心磁场就只有大约 5 T 了。这也是我们在第 7 章选择点火条件下的托卡马克为 5 T 的原因所在。

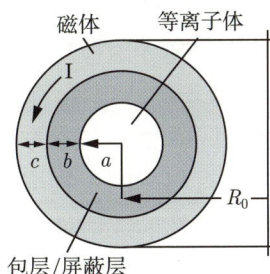

图 8.14 磁体与约束等离子体、包层的相对关系[1]
（资料来源：Freidberg J P. 等离子体物理与聚变能 [M]. 王文浩，译. 北京：科学出版社，2010. 图 5.1.）

因此超导磁体技术的发展对于磁约束聚变有重要的意义。事实上，磁约束聚变成为超导技术发展的最主要推动力。一方面，对更高临界温度和更高临界磁场的超导材料的探索永无止境；另一方面，还要通过混合磁体等制备技术，提高磁体可承载的电流密度和加工

性能。目前，ITER 采用的是技术已经成熟的Nb_3Sn（用于高磁场）和 NbTi（用于低磁场）低温超导混合磁体。近年来，具有优异高场高载流性能的高温超导材料，如 Bi2212 和 YBCO/ReBCO，因其有可能大幅提高约束磁场而受到广泛关注。但高温超导材料为陶瓷材料，陶瓷的脆性为线材制备带来极大的困难，而且除 Bi2212 外的其他高温超导材料都有显著的各向异性。如果能通过制备技术的发展，实现满足力学性能的大型磁体，则无疑会对磁约束聚变产生重大影响。

超导磁体的使用给聚变反应堆带来一个必不可少的部分，那就是低温系统。低温系统在维持稳态的低温负载运行时，需要考虑聚变反应中子透过包层和真空室的通量以及等离子体运行期间导体上磁场变化导致的涡流产热，因此除了杜瓦系统实现真空多层绝热环境外，还会在超导磁体与真空室之间设置多层的冷屏结构，由液氮或者冷氦气进行冷却，有效降低抵达超导磁体上的热负载。对于典型的聚变堆而言，需要的冷却功率在百千瓦到兆瓦的量级，但转换为产生冷却的电功率，大约需要几十兆瓦的功率。也就是说维持超导聚变堆的低温运行功率和点火加热功率在同一量级。然而，点火加热功率可以认为是一次性投入（稳态电流驱动功率除外），低温维持功率则是维持运行长期需要的。

稳态运行除了需要超导磁体外，还需要一系列相关技术手段的支持，如利用外部功率的稳态电流驱动、等离子体高精度实时控制、壁与边缘等离子体相互作用、粒子和热负荷排出等。对于托卡马克类型的磁约束聚变堆，最核心最基础的是稳态电流驱动。第 7 章简单评估了稳态的非感应电流驱动所需的外部注入功率，它甚至远大于点火所需要的加热功率。要降低稳态运行所需的外部功率注入，需要在提高自举电流份额的同时，降低等离子体密度和电流，这就意味着能量增益的降低。换言之，如何在高增益下稳态运行仍是聚变等离子体物理所面临的挑战。

8.7 辐射屏蔽

辐射屏蔽对于所有的核系统都是要考虑的。首先，有中子产生的聚变堆必须降低中子通量从而可以保护反应堆中各个部件，如超导磁体线圈、真空室、外部加热或电流驱动系统。最主要的屏蔽来自聚变包层，然而对于敏感部件，可能还需要额外的屏蔽考虑。另外一类放射性问题来自 T，因此需要在氚工厂中实现有效的氚包容，即满足 T 的密封要求。最后作为核设施，聚变堆的最外侧还应该有相应的生物屏蔽**安全壳**，以满足环境排放和人员防护要求。但也需要再次说明，聚变所涉及的放射性主要是中子活化引起的，而聚变堆具有本征的次临界特性，因此英国政府在最近的聚变发展规划中建议对于聚变电站采用"非核"监管，可能是合适的。

这样，中子从堆芯到环境的历程就走完了，图 8.15 给出了中子通量的变化及各层厚度的初步估计。可以看到，对于 D-T 聚变堆而言，其整体的尺寸很大程度上由包层、屏蔽和磁体决定。对于基于无（少）中子聚变的反应堆而言，其能量转换部分和屏蔽的设计将完全不同，预计堆芯外的结构尺寸会减小。但是即使不考虑更高工作温度对第一壁的更苛刻的要求，在同样的输运机制下，能量约束时间提高一个数量级即意味着堆芯尺寸要增大 3 倍左右，因此整体聚变反应堆的规模可能并不会有明显变化。

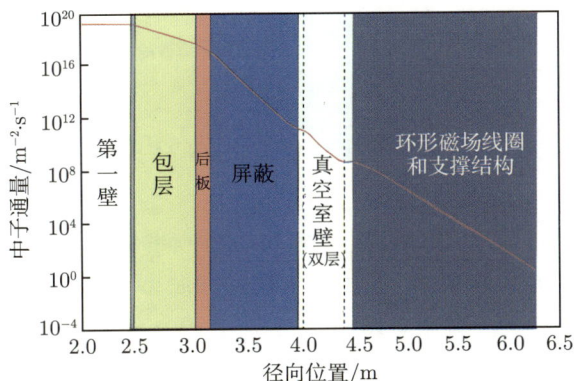

图 8.15　在典型的磁约束聚变电站中，第一壁上中子功率通量为 2.2 MW/m^2 时，计算得到的中子通量随小半径的变化[2]

（资料来源：McCracken G, Stott P. Fusion: the energy of the universe[M]. Academic Press, 2013. Fig 13.4.）

8.8　挑战性工程技术

通常认为，聚变在走向应用的道路上还存在三个重大挑战：燃烧等离子体的稳态运行、可以耐受高热通量和中子通量的材料研发、T 燃料循环。这里面第一个大部分是物理问题，也和电流驱动技术、等离子体壁相互作用及控制技术密切相关，而后面两个主要是工程问题。也有把热和粒子的排出单独拿出来作为第四个挑战的，这也是一个物理和工程密切结合的问题。

2018 年，美国能源部聚变能科学咨询委员会发布了其有效推进聚变能源所需的变革性使能能力 "Transformation Enabling Capabilities for Efficient Advance Toward Fusion Energy" 的报告，其中被认为具有第一优先级的是：

（1）用于模拟等离子体达到最优运行的先进算法；

（2）高温超导技术；

（3）先进材料；

（4）氚燃料循环新技术。

可以看到除了第（1）项与等离子体物理密切相关外，后面三项均是聚变工程所需要考虑的内容。这些工程技术颇具挑战性，它面临的是强场大型磁体开发和应用，极端热流和中子辐照下的材料开发、极大规模的 T 制造和循环。这也表明了，聚变正在从一个以聚变等离子体物理为主导的研究阶段走向物理与工程并重的新阶段。

这种新阶段是在等离子体物理取得巨大进展的基础上形成的，也就是说尽管对等离子体物理的理解还存在定量化和可预测性不足的问题，虽然还有大量的优化空间，但总体上已经把聚变推到了工程化研究的阶段。另外，必须看到，物理和工程间存在密切的结合：工程技术的发展，如磁体技术的革新，材料技术的进展，决定了物理方案的选择；而物理上的进展，如等离子体边界粒子和热流控制、等离子体的约束和燃烧率，则直接决定了工程研究的目标。

思考题

8.1　估计 D-T 聚变包层厚度：给出 8.4.3 节推导的详细过程，计算出 D-T 聚变包层厚度。

8.2　设计一个激光 D-T 聚变电站反应室的结构，并估算其厚度。

8.3　推导增殖比与燃烧率 F 和 T 工艺系统的回收率 η 的关系。

8.4　估算一个典型的托卡马克类型的 D-T 聚变堆尺寸与磁场的关系。

参考文献

[1] FREIDBERG J P. Plasma physics and fusion energy[M]. Cambridge: Cambridge university press, 2008.

[2] McCRACKEN G, STOTT P. Fusion: the energy of the universe[M]. 2nd ed. New York: Academic Press, 2013.

（加里·麦克拉肯, 彼得·斯托特. 宇宙能源——聚变 [M]. 北京: 原子能出版社, 2008.）

[3] ROTH J R. Introduction to fusion energy[M]. Ibis Publishing, 1986.

（Roth J R. 聚变能引论 [M]. 李兴中, 译. 北京: 清华大学出版社, 1993.）

[4] 袁保山, 姜韶风, 陆志鸿. 托卡马克装置工程基础 [M]. 北京: 原子能出版社, 2011.

[5] 李建刚, 宋云涛, 刘永, 等. 聚变工程实验堆装置主机设计 [M]. 北京: 科学出版社, 2016.

[6] CHEN F F. An indispensable truth: how fusion power can save the planet[M]. New York: Springer, 2011.

聚变能源与社会

为了在更大的背景下进一步了解聚变能源，本章将总结聚变能源的特点，介绍聚变能源科学可行性、工程可行性和经济可行性的研究进程，进一步总结聚变研究中"能源"与"科学"两大导向相互纠缠的大科学、大工程的特点。基于聚变研究会受到各国政策和国际形势巨大影响的判断，本章还简单介绍了世界主要国家的聚变研究政策及以国际热核聚变堆（ITER）设计和建设为代表的国际合作现状，试图在广阔的政治、经济、社会背景下理解聚变发展的起起伏伏。最后，对未来聚变能源的广阔应用进行了展望。

9.1 为什么我们需要聚变能

在了解了更多关于聚变的知识后，我们可以用**丰富、高效、清洁、安全**这四个词来总结聚变能源的特点。

"丰富"源自聚变燃料的丰富性。如果 D-D 聚变是聚变能源的主要反应，那么海水中的氘储量足够满足人类几十亿年的能量需求，换言之，如果最终实现基于 D-D 反应的聚变能应用，就永远解决了所谓的能源问题。退而求其次，如果只实现了 D-T 聚变的能源应用，其燃料则受限于地球上的 Li 矿储量。诚然，由于 Li 在储能上也有巨大应用，Li 将会成为非常重要的能源材料。但就目前的估计，地球表面的 Li 可以供人类使用几千年，如果考虑到海洋中的 Li，这个年限可以延长到几十万年，人类应该有信心开发后续的 D-D 聚变能源或者其他能源形式。至于 ^{3}He 及 B 等其他可能的聚变资源，也有着差不多的量级。因此，聚变能的丰富性是毋庸置疑的，基本上可以认为只低于风能和太阳能等可再生能源。

如果说可再生能源在丰富性上可以和聚变能源相比的话，**"高效"**（或者说高的储能密度）这一特点则完全是作为核能的特征，聚变能源也不例外。因此，聚变电站毫无疑问可以作为一个大国或者一个地区的基础性能源存在。

"清洁"是聚变能源的突出特点。一方面，聚变能源没有直接的温室气体排放，更没有其他污染气体（如硫化物、氮化物）的排放，是典型的绿色低碳能源；另一方面，和裂变能相比，它不产生长寿命的高放射性废物，甚至可以通过应用先进聚变反应或先进壁材料部分或彻底地消除放射性废物的产生，因此在放射环境考量上也是清洁的。

聚变能的**"安全"**体现在几个方面。首先，聚变堆是工作在本征安全的功率平衡点，即满足热稳定性；其次，由于聚变燃料需要达到点火条件，因此同一时刻投入反应器的聚变燃料是少量的，总能量是受限的；最后，即使有中子产生的聚变堆，其运行也类似于射线装置，放射性安全可以得到很好的保证。聚变能可能唯一要考虑的安全性问题是其燃料涉及核不扩散，需要一定的核安保措施。

总结一下，聚变具备理想能源的特点，有可能从根本上解决人类社会所面临的能源问题。但是聚变到目前为止还只是一个潜在的能源，因为我们在第 1 章就明确指出，只有为人类"掌握"的才可以称为"能源"，因此聚变能开发研究可能是人类发展史上的一个极其重要的事件。

9.2 从科学走向工程的聚变研究

任何概念或者想法走向最后的应用，都要经历科学可行性验证，到工程可行性验证，再到商业可行性验证的过程，聚变能源也不例外，也要经历这样的过程。

9.2.1 科学可行性的验证

自 20 世纪 50—60 年代各种聚变约束概念百花齐放后，过去 60 年的研究绝大部分属于科学可行性验证的进程。聚变能源的科学可行性研究大体上包括概念研究、原理验证和性能拓展等多个阶段（图 9.1）。可以明确的是，目前聚变能源的科学可行性已经得到验证。

图 9.1　聚变能源开发研究的基本过程

对于磁约束聚变，以托卡马克为代表，人们基于一定的物理理解，主要依赖实验探索的手段，获得了密度、能量约束时间的定标律，在实验室实现了聚变能源所需的温度 10~20 keV（甚至实现了超过 40 keV 的高温），在秒量级上实现了十兆瓦量级的聚变功率输出。1997 年，欧洲联合环（JET）的 DT 放电中能量增益因子达到 0.64。从简单的物理图像出发，可以预料，只要再稍微增大装置的尺寸（或磁场、电流等参数），超过能量得失相当（$Q = 1$）的里程碑是完全可以预料的。实际上，目前国际社会正在建设的下一代聚变实验堆 ITER 的基准运行模式就是 $Q = 10$ 的 400 s 放电。需要指出的是，这些定标律和物理理解是经得起考验的。在横向上，各大装置的实验规律是相互吻合的。在纵向上，JET 在十几年后再次进行 D-T 实验，再次获得 $Q = 0.33$ 的结果（由于金属壁等原因，其约束低于 1997 年实验），总释能 59 MJ，创下新的纪录，结果完全和物理预测吻合，为 ITER 目标的成功达成奠定了坚实的科学基础。

对于惯性约束而言，1988 年，美国利用地下核试验时核爆产生的部分 X 射线转化为驱动惯性约束所需的辐射能，校验了间接驱动的原理，证明了高增益激光聚变的科学可行性。在激光靶耦合物理和内爆物理过程研究进展的同时，激光器能量成为最关键的因素。2021

年，激光聚变取得历史性突破。利用美国国家点火装置（NIF）的 1.9 MJ 的激光能量输入，获得了创纪录的超过 1.3 MJ 的聚变能量输出。2022 年 12 月，又利用 2.05 MJ，激光输入，产生 3.15 MJ 的聚变能量，物理增益因子超过 1，基本验证了激光聚变的科学可行性。这个结果的意义类似于 JET 1997 年的结果，尽管尚未实现电能能量得失相当，但在迈向和超越这一目标，应该没有不可逾越的科学阻碍了。

9.2.2　工程可行性的研究

目前国际社会进行的 ITER 计划以及各国以示范堆为目标的研究（如我国的 CFETR）可以认为是聚变从科学可行性向工程可行性的重要转变阶段。这个阶段的主要任务将是聚变堆相关工程技术上的开发研究。尽管仍然会长期存在的燃烧等离子体物理及稳态运行物理仍然可以归于科学研究的范畴，但它们很大程度上已经是为了能源性质更加"优质"的目的。

对于工程可行性，有两类重要的问题。

一是目前大型聚变装置上的聚变工程技术是否能够在未来聚变堆上进行整合利用，包括磁体技术、真空技术、电源技术、辅助功率技术、加料技术、诊断技术、控制技术等。这些技术从实验装置到聚变堆的迁移并不总是显然的。比如：现在的加料技术是否适用于更高密度更大尺寸的堆？目前接近等离子体的控制技术是否在堆中使用？目前基于物理研究的诊断与未来基于运行监测的诊断存在什么样的差异……

二是从装置到电站所必须面对的材料问题和燃料循环问题。这一点在第 8 章已经具体展开，应该说这是决定聚变能否从实验室走向电网的关键。

9.3　聚变能源的经济性

如果聚变在工程上也是可行的，那么聚变能就面临着进入电力市场与其他能源竞争的局面，这就是聚变能的经济可行性或者商业可行性的问题。在第 7 章估算了聚变堆的规模和主要参数；第 8 章又考虑了聚变电站的整体系统和关键工程技术。由此，我们可以计算出建设聚变电站的投资成本和聚变发电的单位电价，这就是聚变电站经济性研究的主要内容。

一个发电站的成本主要包括直接成本、间接成本（或者称外部费用）及其他意外成本。对于类似 D-T 这样利用热电转换的电站，其直接费用主要包含三大部分：① 产热部分，对聚变堆而言就是聚变反应堆；② 热电转换部分，即涡轮机和发电机；③ 土建与结构部分。后面两部分对于大部分热电站都是一样的。对于聚变电站而言，其成本主要来自聚变反应堆本身，按目前的估计，大约要占到总成本的 40% 以上。反应堆的成本则来自我们在第 8 章讨论的各个部分：线圈、低温、包层、屏蔽、辅助功率、换热器以及初始燃料。其中有些是初始的一次性成本，有些则是需长期持续投入的成本，后者需要计入工程增益因子，但前者并不需要。比如，虽然初始燃料（由于氚的紧缺性）是一个客观的巨大成本，但其稳态运行后，其在单位电价的占比将会是很低的。其原因当然归功于它的高放能，几克燃料就可以产生和几十吨石油一样多的能量。

很明显可以看出，聚变的经济性评价有着非常大的不确定性。其不确定性当然最主要的是聚变能源开发中物理和工程发展具有不确定性，但同时这个不确定性也与其他能源的替代性和技术发展密切相关。实际上，当对聚变能还没有那么大的需求的时候，谈它的经济性其实意义并不大。如果聚变能是不可替代的，那么谈它的经济性实际上也没有什么太大意义，因为谈经济性本质上是和其他能源的比较。经济性的评价当然和技术发展有关，一个最典型的其他能源的例子就是太阳能，当社会投入巨大资源去进行开发的时候，其技术发展会导致太阳能的经济竞争力迅速变得非常高。美国橡树岭的科学家，时任美国 ITER 参与计划的负责人绍霍夫（Ned Sauthoff）说，有些事情的速度取决于兴趣，而有一些事情取决于钱，不是说 10 倍的钱就能让速度快 10 倍，但是有双倍的钱，我们绝对可以把速度翻番。这是一个很直接但也很形象的说法。

那么聚变是不是一个紧迫的能源呢？这和化石能源燃料的价格、环境污染的情况及治理费用、可再生能源的技术发展及储能技术发展等都有关系。如果化石能源很好地和环境治理结合起来，可再生能源能够很好地和储能技术、智慧电网技术等结合起来，那么聚变能源的迫切性不是那么强，进而社会的资源投入可能也就不会那么多，技术发展就不会那么快，经济上也就不会很快具有竞争性。阿齐莫维奇在被问到聚变能何时才能实现时，有一句著名的话——"当社会需要聚变时，聚变就会准备好"。其实说的也是这个道理。

图 9.2 是欧洲委员会在 1996 年做的一个评估，对各种能源形式在 2050 年的相对价格进行预测和比较。其中，化石燃料由于其高昂的外部费用是不具竞争力的，可再生能源颇具竞争力，核电尽管处于一个很弱势的舆论环境，但依然是最便宜的能源。对聚变而言，尽管其直接费用非常高，但是其他费用其实相当低，所以结论是商业聚变电站的目标看起来是"苛求的，但却是合理的，而且是可以达到的"。

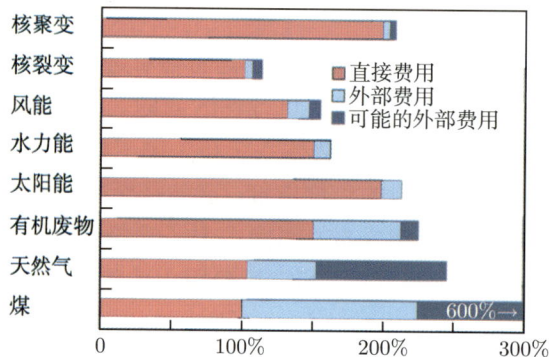

图 9.2　各种能源形式的发电在 2050 年的相对价格的预测
（资料来源：McCracken G. 宇宙能源，聚变 [M]. 585 所，译. 北京：原子能出版社，2008. 图 12.4.）

9.4　聚变研究的大科学工程特点

聚变研究进入从科学到工程的关键阶段，但即使在目前聚变研究装置的层次上，聚变研究也已经完全具有大科学工程研究的显著特点。

第一，物理和工程密切结合、相互促进和相互制约。这一点在前面两章中有充分的介绍，这里不再赘述。

第二，涉及的学科面广，对人才的需求高。聚变涉及核科学与技术、物理学、材料科学与工程、电气科学、热能科学、电子科学与技术、自动控制、机械等众多学科方向，因此无论是在数量上还是质量上都有旺盛的人才需求，尤其是需要交叉性的人才需求。

第三，通常投资巨大，尤其是进入科学可行性和工程可行性验证的关键阶段，因此会受到社会、经济、政治等因素的巨大影响。也因此，研究过程是否产生附加的科研、经济或社会效益对于研究能否持续获得支持也有很重要的影响。

第四，研究途径的选择和研究目标的达成具有不确定性。不同途径在不同层次上的比较则存在困难。同时，由于受到投资的影响，调整主流研究方向存在很大的困难，这一点我们在前面多种聚变途径的比较上也有较深入的探讨。

聚变研究一直受到"能源"和"科学"两个定位的重要影响。回顾聚变研究的历史，当聚变研究定位于"能源"时，政府及公众会对其发电的时间表存在迫切的、有时甚至是不切实际的期待。聚变研究的人员由于对聚变科学的"无知"，或者对科技资源投入的迫切渴望或多或少诱发或者加剧这种期待。但是，在这种情况下，聚变的艰巨性往往就体现出来了，对社会的盲目承诺带来"永远的三十年"或者"永远的五十年"之类的调侃。然而，当聚变研究只定位于"科学"，对于科技界而言，可能导致研究不能围绕聚变能源利用的关键问题开展，而是拘泥于一些"无关紧要"的细枝末节。更关键的一点是，这可能会导致政府和社会对聚变的兴趣减低和科技资源投入的减少，进而极大地延缓聚变研究的发展。

事实上，"能源"和"科学"是聚变研究的两个侧面，辩证地处理好二者的关系对于聚变研究有着极其重要的意义。如何以能源应用为推动力，规划和发展大科学装置和急需的工程技术，为准确把握和解决聚变能源的关键科学问题创造条件，同时不断解决能源应用的工程实现条件，是聚变研究规划的重要挑战。但是，毫无疑问，这需要来自国家、社会的长期持续、高强度的支持。

9.5 各国聚变研究政策

聚变实际上是一个非常典型的大科学、大工程，同时它有非常大的不确定性，因此它受到政策非常大的影响。目前，虽然商业资本的投资开始进入聚变领域，但是从大规模的投入来讲，还主要是各国政府的国家行为。虽然面对聚变能的巨大潜在价值，世界各个大国都把聚变作为其国家科技研究计划的组成部分，但各个国家面对各自不同的情况，基于不同的考虑，在聚变政策上还是存在很大的不同。这一节稍微对一些主要国家的聚变研究历史和政策进行回顾，目的是展示聚变研究政策对聚变研究的影响。

美国的聚变研究政策可以说是"振荡"的。在 20 世纪 70 年代石油危机的背景下，聚变预算不断提高。到 80 年代，以美苏冷战下的合作为契机，ITER 提上日程（1986 年，ITER 完成概念设计，1992 年，ITER 完成工程设计）。这个上升的趋势在 90 年代初达到顶峰，美国提出长期聚变能源项目，目标是 2025 示范堆。但随着 TFTR 没有实现其预想的科学目标，美国开始大幅削减聚变预算，并以加强基础研究为名退出 ITER 计划。一直持续到 2003，美国才重新加入 ITER，并重新提出世纪中叶商用目标。2024 年年底，由于高温超导技术的发展，美国提出了更加激进的聚变战略，但投资的主体已经开始包含商业资本，而不仅仅是国家投资。尽管美国的政策是起伏变化的，但也可以看出美国聚变政策的原则，那就是"美国优先"的国家能源安全，目标要保持美国在聚变科学技术上的优先地位。由于这个原则，美国才体现出在能源和科学定位上的摇摆以及在国际合作上的摇摆。类似的道理，美国在聚变商业能源仍然保持磁约束和惯性约束的选项，并在科学计算开展数值模拟聚变研究上投入了巨大的资源。

日本在聚变能源开发研究中是执着的。日本政府和科技界对聚变研究极其重视，认为是未来革新能源的首选，与国家经济和国家安全息息相关。日本在聚变方面的研究是很杰出的，也是引以为豪的。同时日本政府希望在聚变领域的进展，通过其在等离子体物理、等离子体运用、计算机模拟科学、宇宙和天体等离子体物理、超导工程、材料科学等方面取得各种科学成果，提升了国家的科技和学术水平。日本的聚变研究总体上围绕 ITER 展开，确立研究的优先顺序要看它对 ITER 有多大的贡献，但也考虑将"开发性的研究"和"学术性研究"相结合。日本在聚变上的投入是巨大的。在 20 世纪 90 年代的核心装置 JT-60U 的基础上，和欧洲合作，正在建设国家中心装置 JT-60SA，同时在 IEA 合作框架下，建设国际聚变材料放射测试设施（IFMIF）装置。日本同时还保持在仿星器、球形环上具有国际先进水平的研究选项。

欧盟在能源政策上一直总体保持低碳和反核的立场，因此，除了风、光等新能源外，聚变能是持续提供稳定能源的潜在途径，因此欧盟核能研究的大部分金融投资在聚变能领域，而研究途径主要集中在磁约束。欧盟的前身欧洲原子能共同体（EURATOM）自 1957 年就开始支持聚变 R&D。1958 年，欧洲聚变协议（Associations）签订，其目的是通过合作，避免浪费、利益最大化、集中力量研究聚变。目前，所有欧盟国家、瑞士和参加协议的欧盟候选国都是其成员，EURATOM 通过协议提供一般性资金。一个"优先支持"体系为那些判定对整个聚变计划有益的大项目提供更高层次的支持，并鼓励其他小成员通过发展、安装、开发辅助设备的方式参与大实验。允许 EURATOM 在所有联合实验室间平等分配工作，确保各成员国的研究活动是平衡和互补的，还使得一些对于单独成员太大的项目成为可能。1977 年，在这个框架下，建造了迄今为止仍然是世界上最大的托卡马克 JET，并初步验证了聚变的科学可行性。1999 年，The Associations 与欧盟聚变研究成员间签订了欧洲聚变发展协议（EFDA），其目标是加强所有欧盟聚变界平等与合作的协议，包括聚变技术 R&D、JET 开发和使用以及为 ITER 及 DEMO（示范堆）所需物理和技术研究提供支持，从而将技术活动合并进 Association 和欧盟工业体系中。欧盟聚变目标是建立一个电站模型，验证聚变运行安全性、环境兼容性和经济可行性，因此除明确的科学研究和路线图外，注重工业界的参与和聚变社会经济学的研究。

我国的聚变研究总体上紧跟国际聚变研究的步伐。2006 年，中国正式加入 ITER 计划，标志着中国开始以成熟大国的心态重视聚变能研究开发，我国的聚变研究进入新阶段。在《国家中长期科技发展规划》（2016—2020）中也明确指出"以参加国际热核聚变实验反应堆的建设和研究为契机，重点研究大型超导磁体技术、微波加热和驱动技术、中性束注入加热技术、包层技术、氚的大规模实施分离提纯技术、偏滤器技术、数值模拟、等离子体控制和诊断技术、示范堆所需关键材料技术，以及深化高温等离子体物理研究和某些以能源为目标的非托卡马克途径的探索研究"。在国家制定的"双碳"目标中，聚变也被作为未来的颠覆性技术得到重点考虑。国家高层领导非常重视聚变事业，国家的核聚变能源研发投入力度大大增加。除参与 ITER 计划外，通过 ITER 计划国内专项支持的实施，迅速提高了国内的研究水平和人才培养，使得中国聚变研究从跟跑到并跑，并在若干方向实现领跑的局面。在新的形势下，中国除了运行好国内的两大科学装置 EAST 和 HL-3 外，还在球形环、仿星器、反场箍缩等方向上增加储备途径的研究。ITER 采购包的研发极大地推动了聚变相关工程技术的发展。特别地，以聚变能源为目标，启动了国家重大基础设施聚变堆主机关键系统综合研究设施（CRAFT）的建设，并开展了中国聚变工程实验堆（CFETR）的物理设计和工程设计，将聚变发展的机遇掌握在自己手中，努力促成以我为主的国际合作。

我国在聚变研究上也是采取磁约束和惯性约束并重的发展道路。惯性约束聚变的研究起步在国际上来说还是比较早的。自 20 世纪 60 年代王淦昌先生与苏联科学家同期独立提出激光聚变的思想，我国陆续建成神光系列激光装置、星光系列激光装置、强光一号、聚龙一号、荧光 1 号、FP-1 等装置以及多个超强超短激光实验装置等，在中心点火和快点火激光聚变、Z 箍缩聚变、磁惯性聚变、离子束聚变等各个领域都开展了惯性约束聚变研究。过去十年内，我国持续加强对惯性约束聚变研究的支持力度，开展了国际前沿研究，形成了从理论、模拟、实验、诊断、装置研制全链条、完备的研究体系，在国际惯性约束聚变领域的影响力进一步提升。

9.6 聚变国际合作

聚变是全人类共同的事业，又是一个极其艰巨的事业，因此具有非常好的国际合作可行性。1958 年后，各国决定完全解密各自的磁约束聚变研究，全球合作开展研究，其顶峰是目前正在建设的国际热核聚变实验堆（ITER）。

1985 年，美苏决定设计建造 ITER，并得到国际原子能机构的支持。后来美欧苏日四方共同开始了 ITER 的设计，它的目标是实现等离子体的自持燃烧，为下一步的聚变示范堆（DEMO）打下基础。对于 ITER 的建造，聚变界也有着不同意见，认为花大量的金钱和时间投入在一项结果未卜的研究上过于冒险，同时其他约束方式的研究空间和经费将会受到更大的挤压，未必对整个聚变研究有利。美国在 1997 年以调整和反思聚变政策为由宣布退出 ITER 的建设。不过欧盟和日本的态度非常坚决，仍然全力支持建造 ITER，并于 2001 年完成 ITER 最终设计。经过几年的思考和讨论后，人们还是认识到 ITER 的建设的必要性，2003 年，美国、中国和韩国加入 ITER。2005 年 6 月，在莫斯科召开的中国、欧盟、美国、日本、韩国、俄罗斯六方会议上，最终决定由六方共同出资，在法国南部卡达拉舍（Cadarache）建造 ITER，以期快速推进核聚变研究。该计划总投资 100 亿欧元。随后印度谈判加入 ITER。2006 年 5 月，七方草签了《ITER 联合实施协定》，2007 年 10 月 ITER 国际组织作为法人正式成立。这标志着 ITER 计划进入了正式执行阶段。现在参与 ITER 的七方，美国、欧盟、俄罗斯、印度、中国、韩国、日本，应该说是集中了全世界的主要力量来做这件事情。

ITER 的科学目标是物理增益因子 Q 要等于 10，即在 50 MW 功率注入的情况下产生 500 MW 的功率输出，运行时间 300~500 s。另外两个要验证的运行模式分别是 $Q = 5$ 的稳态运行和 $Q > 30$ 的脉冲运行。在物理上，ITER 将进入 α 粒子自持加热为主的等离子体运行状态，这被称为燃烧等离子体，是一个人类尚未在实验室中实现的状态。

ITER 在技术上的目标主要有三项，一是对现在所有运行技术进行集成，演示其在堆级装置上的应用；二是对聚变包层模块进行测试；三是对氚增殖进行原理性演示。

ITER 当初提的建设费用大概是 50 亿欧元，由于工程延期目前已经几乎翻倍。目前 ITER 的实验计划是在 2025 年年底产生首次等离子体，2035 年前后进行 D-T 放电，但很有可能再次延期。由于各国都希望通过 ITER 获得尽可能多聚变堆建设和运行的知识，因此在很多关键部件上都有多方参与，结果就是由做得最慢的一方决定其整体进程，这就是大型国际合作面临的巨大问题。显然，这并不是单纯的一个科学技术的问题。

尽管 ITER 仍然面临非常多的困难和不确定性，但它是建立在各个国家一致支持聚变的政策基础上。在全球对于低碳能源、低碳社会发展的共识越来越强的背景下，聚变的国际合作在未来只会继续加强。ITER 已经成为一个事实，应该会继续坚持做下去，目前 ITER 第一阶段的安装也已经顺利完成。ITER 在拉丁语里就是"道路"的意思。在目前看起来，国际热核聚变实验堆的确是人类通向聚变能源的一条道路。

9.7   我们的征程是星辰大海

受控聚变研究从 20 世纪 50 年代到现在已经 70 多年过去了，聚变能仍然没有成为可以连入电网的真正实用的能源。从科学的角度看，聚变等离子体的三乘积在几十年内增加了几个量级，其增长速度相对于芯片的发展或者加速器的发展来说也毫不逊色。然而因为其最终的目标尚未实现，人们开始忧虑投入巨大的精力去探究聚变能源是不是走在正确的道路上，尤其是一些将自己的事业倾力于此，然而未能在其职业生涯即将结束时看到期待收获的人，其充满失望的情绪对公众有着强烈的感染力。

然而，人类是需要梦想的。尽管实现梦想可能需要很长很长的时间。上天入地、千里眼、顺风耳、虚空世界，这些梦想曾经是那么遥不可及，但时间使得其最终开花结果。聚变是人类关于理想能源的一个美丽梦想，这个梦想是如此美丽，即使它不断被现实的残酷打破，但追梦的人还在，梦想也依然在。经过几代人在现实中的努力，人们越来越接近实现这个梦想，虽然经验和教训告诉我们，这个距离也许比我们预计得还要远一点。但那又有什么关系呢？只要追梦的人不断前行，梦想就会越来越近。即使不去考虑还有那么多愿意将毕生精力投身聚变梦想的人，只要看看这样的事实——聚变的一点点消息，有些甚至是蹩脚的假消息，就能引起公众极大的热情，只要看看不断有人畅想一个由核聚变供应能量的世界是什么样子，你就会明白有多少人心中有着聚变的梦想种子。如果我们的梦足够大胆，我们会发现人类终将走出太阳系，那时候你会发现我们走出太阳系的唯一可能使用的能源就是聚变能，我们别无选择。

最后再次用托卡马克概念的实现者、苏联核聚变研究先驱阿齐莫维奇的一句话来结束本书，他在回答关于聚变前景的问题时说，"聚变会在社会需要它的时候准备好的"，那么现在的世界是不是已经开始需要聚变能源了呢？

A.1 反应截面和反应率数据表

这里记录了几种常见轻粒子间的聚变反应的反应截面与反应率系数的数据图表（表 A.1～ 表 A.3，图 A.1 和图 A.2）。

表 A.1 几种常见轻粒子间的聚变反应

简称	反应式	放能/MeV	备注
D-T	$D + T \longrightarrow n + \alpha$	17.6	
D-D（p）	$D + D \longrightarrow p + T$	4.03	50%
D-D（n）	$D + D \longrightarrow n + {}^3He$	3.27	50%
D-^{3}He	$D + {}^3He \longrightarrow p + \alpha$	18.3	
T-T	$T + T \longrightarrow 2n + \alpha$	11.3	
T-^{3}He（np）	$T + {}^3He \longrightarrow n + p + \alpha$	12.1	57%
T-^{3}He（D）	$T + {}^3He \longrightarrow D + \alpha$	14.3	43%
p-^{11}B	$p + {}^{11}B \longrightarrow 3\alpha$	8.66	

以下数据由实测数据插值得到，主要来自 IAEA 数据库 www-nds.iaea.org，p+^{11}B 的数据取自 Cirrone GAP. Scientific reports, 2018, 8(1): 1-15，和 Sikora MH. Journal of Fusion Energy, 2016, 35(3): 538-543。

表 A.2 几种常见轻粒子间聚变反应的反应截面 σ 与质心系动能 ε 的关系

$\lg\varepsilon$（ε 的单位为 keV）	σ/b					
	D+T	D+D（总）	D+^{3}He	T+T	T+^{3}He（总）	p+^{11}B
0.0（1 keV）	1.394×10^{-11}	2.487×10^{-12}	8.770×10^{-27}	3.760×10^{-15}	5.527×10^{-31}	0
0.1	4.675×10^{-10}	6.013×10^{-11}	1.233×10^{-23}	1.936×10^{-13}	1.240×10^{-27}	0
0.2	1.046×10^{-8}	1.003×10^{-9}	7.693×10^{-21}	6.414×10^{-12}	1.962×10^{-24}	0
0.3（2 keV）	1.631×10^{-7}	1.203×10^{-8}	2.325×10^{-18}	1.407×10^{-10}	1.543×10^{-21}	0
0.4	1.844×10^{-6}	1.074×10^{-7}	3.685×10^{-16}	2.151×10^{-9}	4.742×10^{-19}	0
0.5	1.568×10^{-5}	7.383×10^{-7}	3.285×10^{-14}	2.384×10^{-8}	7.007×10^{-17}	0

续表

$\lg\varepsilon$（ε 的单位为 keV）	σ/b					
	D+T	D+D（总）	D+^{3}He	T+T	T+^{3}He（总）	p+^{11}B
0.6	1.035×10^{-4}	4.018×10^{-6}	1.754×10^{-12}	1.983×10^{-7}	6.148×10^{-15}	0
0.7（5 keV）	5.456×10^{-4}	1.776×10^{-5}	5.933×10^{-11}	1.277×10^{-6}	3.217×10^{-13}	0
0.8	2.359×10^{-3}	6.527×10^{-5}	1.336×10^{-9}	6.548×10^{-6}	1.067×10^{-11}	0
0.9	8.570×10^{-3}	2.035×10^{-4}	2.096×10^{-8}	2.739×10^{-5}	2.359×10^{-10}	0
1.0（10 keV）	2.673×10^{-2}	5.486×10^{-4}	2.382×10^{-7}	9.558×10^{-5}	3.630×10^{-9}	0
1.1	7.311×10^{-2}	1.299×10^{-3}	2.032×10^{-6}	2.830×10^{-4}	4.044×10^{-8}	0
1.2	1.789×10^{-1}	2.745×10^{-3}	1.345×10^{-5}	7.262×10^{-4}	3.379×10^{-7}	0
1.3（20 keV）	3.990×10^{-1}	5.241×10^{-3}	7.100×10^{-5}	1.640×10^{-3}	2.184×10^{-6}	1.879×10^{-10}
1.4	8.239×10^{-1}	9.160×10^{-3}	3.071×10^{-4}	3.162×10^{-3}	1.122×10^{-5}	2.806×10^{-9}
1.5	1.583×10	1.481×10^{-2}	1.115×10^{-3}	5.888×10^{-3}	4.699×10^{-5}	4.950×10^{-8}
1.6	2.785×10	2.239×10^{-2}	3.473×10^{-3}	9.786×10^{-3}	1.639×10^{-4}	6.017×10^{-7}
1.7（50 keV）	4.214×10	3.193×10^{-2}	9.493×10^{-3}	1.483×10^{-2}	4.848×10^{-4}	6.046×10^{-6}
1.8	5.006×10	4.331×10^{-2}	2.326×10^{-2}	2.083×10^{-2}	1.237×10^{-3}	4.210×10^{-5}
1.9	4.544×10	5.630×10^{-2}	5.218×10^{-2}	2.752×10^{-2}	2.762×10^{-3}	2.532×10^{-4}
2.0（100 keV）	3.441×10	7.058×10^{-2}	1.094×10^{-1}	3.441×10^{-2}	5.468×10^{-3}	1.306×10^{-3}
2.1	2.409×10	8.581×10^{-2}	2.177×10^{-1}	4.118×10^{-2}	9.728×10^{-3}	9.022×10^{-3}
2.2	1.653×10	1.017×10^{-1}	4.077×10^{-1}	4.767×10^{-2}	1.569×10^{-2}	1.796×10^{-2}
2.3（200 keV）	1.138×10	1.177×10^{-1}	6.695×10^{-1}	5.392×10^{-2}	2.351×10^{-2}	4.784×10^{-2}
2.4	7.918×10^{-1}	1.336×10^{-1}	8.243×10^{-1}	6.024×10^{-2}	3.275×10^{-2}	1.153×10^{-1}
2.5	5.586×10^{-1}	1.488×10^{-1}	7.037×10^{-1}	6.722×10^{-2}	4.305×10^{-2}	2.657×10^{-1}
2.6	4.002×10^{-1}	1.630×10^{-1}	4.799×10^{-1}	7.564×10^{-2}	5.378×10^{-2}	6.163×10^{-1}
2.7（500 keV）	2.918×10^{-1}	1.753×10^{-1}	3.064×10^{-1}	8.688×10^{-2}	6.403×10^{-2}	1.100×10
2.8	2.174×10^{-1}	1.846×10^{-1}	2.105×10^{-1}	1.025×10^{-1}	7.260×10^{-2}	1.337×10
2.9	1.665×10^{-1}	1.909×10^{-1}	1.623×10^{-1}	1.227×10^{-1}	7.820×10^{-2}	4.825×10^{-1}
3.0（1 MeV）	1.320×10^{-1}	1.942×10^{-1}	1.253×10^{-1}	1.401×10^{-1}	8.005×10^{-2}	3.066×10^{-1}
3.1	1.092×10^{-1}	1.945×10^{-1}	1.006×10^{-1}	1.304×10^{-1}	7.875×10^{-2}	3.404×10^{-1}
3.2	9.491×10^{-2}	1.929×10^{-1}	8.470×10^{-2}	8.738×10^{-2}	7.664×10^{-2}	2.665×10^{-1}
3.3（2 MeV）	8.730×10^{-2}	1.896×10^{-1}	7.556×10^{-2}	5.333×10^{-2}	7.772×10^{-2}	3.033×10^{-1}
3.4	8.394×10^{-2}	1.848×10^{-1}	7.038×10^{-2}	3.678×10^{-2}	7.618×10^{-2}	5.286×10^{-1}
3.5	7.908×10^{-2}	1.784×10^{-1}	6.675×10^{-2}	2.871×10^{-2}	7.546×10^{-2}	6.314×10^{-1}
3.6	7.020×10^{-2}	1.701×10^{-1}	6.225×10^{-2}	2.315×10^{-2}	7.509×10^{-2}	2.401×10^{-1}
3.7（5 MeV）	5.907×10^{-2}	1.597×10^{-1}	5.381×10^{-2}	1.919×10^{-2}	7.536×10^{-2}	6.867×10^{-2}
3.8	4.942×10^{-2}	1.472×10^{-1}	4.436×10^{-2}	1.847×10^{-2}	7.619×10^{-2}	2.989×10^{-2}
3.9	4.178×10^{-2}	1.329×10^{-1}	3.672×10^{-2}	1.769×10^{-2}	7.660×10^{-2}	1.144×10^{-2}
4.0（10 MeV）	3.589×10^{-2}	1.172×10^{-1}	3.025×10^{-2}	1.718×10^{-2}	7.331×10^{-2}	2.290×10^{-2}

表 A.3　几种常见轻粒子间聚变反应的热平衡反应率系数 $\langle \sigma v \rangle$ 与离子温度 T 的关系

$\lg T$（T 的单位是 keV）	$\langle \sigma v \rangle /(\mathrm{m}^3/\mathrm{s})$					
	D+T	D+D（总）	D+^{3}He	T+T	T+^{3}He（总）	p+^{11}B
0.0（1 keV）	6.844×10^{-27}	1.945×10^{-28}	3.386×10^{-32}	1.843×10^{-29}	5.343×10^{-34}	0
0.1	2.644×10^{-26}	6.748×10^{-28}	3.051×10^{-31}	7.743×10^{-29}	5.714×10^{-33}	0
0.2	9.218×10^{-26}	2.116×10^{-27}	2.316×10^{-30}	2.891×10^{-28}	5.071×10^{-32}	0
0.3（2 keV）	2.927×10^{-25}	6.040×10^{-27}	1.500×10^{-29}	9.671×10^{-28}	3.785×10^{-31}	0
0.4	8.540×10^{-25}	1.581×10^{-26}	8.396×10^{-29}	2.920×10^{-27}	2.407×10^{-30}	0
0.5	2.308×10^{-24}	3.824×10^{-26}	4.108×10^{-28}	8.017×10^{-27}	1.319×10^{-29}	0
0.6	5.813×10^{-24}	8.593×10^{-26}	1.776×10^{-27}	2.018×10^{-26}	6.299×10^{-29}	0
0.7（5 keV）	1.367×10^{-23}	1.805×10^{-25}	6.862×10^{-27}	4.692×10^{-26}	2.647×10^{-28}	0
0.8	2.995×10^{-23}	3.565×10^{-25}	2.392×10^{-26}	1.014×10^{-25}	9.875×10^{-28}	0
0.9	6.078×10^{-23}	6.653×10^{-25}	7.600×10^{-26}	2.046×10^{-25}	3.299×10^{-27}	0
1.0（10 keV）	1.134×10^{-22}	1.179×10^{-24}	2.223×10^{-25}	3.874×10^{-25}	9.947×10^{-27}	8.908×10^{-28}
1.1	1.937×10^{-22}	1.994×10^{-24}	6.044×10^{-25}	6.913×10^{-25}	2.726×10^{-26}	5.732×10^{-27}
1.2	3.024×10^{-22}	3.231×10^{-24}	1.539×10^{-24}	1.168×10^{-24}	6.835×10^{-26}	2.991×10^{-26}
1.3（20 keV）	4.324×10^{-22}	5.038×10^{-24}	3.685×10^{-24}	1.876×10^{-24}	1.579×10^{-25}	1.219×10^{-25}
1.4	5.699×10^{-22}	7.585×10^{-24}	8.273×10^{-24}	2.879×10^{-24}	3.379×10^{-25}	4.029×10^{-25}
1.5	6.974×10^{-22}	1.107×10^{-23}	1.726×10^{-23}	4.243×10^{-24}	6.745×10^{-25}	1.155×10^{-24}
1.6	7.993×10^{-22}	1.570×10^{-23}	3.306×10^{-23}	6.036×10^{-24}	1.263×10^{-24}	3.058×10^{-24}
1.7（50 keV）	8.653×10^{-22}	2.170×10^{-23}	5.766×10^{-23}	8.329×10^{-24}	2.229×10^{-24}	7.726×10^{-24}
1.8	8.919×10^{-22}	2.932×10^{-23}	9.122×10^{-23}	1.121×10^{-23}	3.730×10^{-24}	1.855×10^{-23}
1.9	8.820×10^{-22}	3.878×10^{-23}	1.312×10^{-22}	1.482×10^{-23}	5.942×10^{-24}	4.120×10^{-23}
2.0（100 keV）	8.424×10^{-22}	5.030×10^{-23}	1.728×10^{-22}	1.934×10^{-23}	9.046×10^{-24}	8.228×10^{-23}
2.1	7.818×10^{-22}	6.405×10^{-23}	2.104×10^{-22}	2.506×10^{-23}	1.320×10^{-23}	1.455×10^{-22}
2.2	7.089×10^{-22}	8.016×10^{-23}	2.391×10^{-22}	3.232×10^{-23}	1.850×10^{-23}	2.276×10^{-22}
2.3（200 keV）	6.312×10^{-22}	9.865×10^{-23}	2.567×10^{-22}	4.133×10^{-23}	2.497×10^{-23}	3.184×10^{-22}
2.4	5.544×10^{-22}	1.195×10^{-22}	2.631×10^{-22}	5.196×10^{-23}	3.253×10^{-23}	4.049×10^{-22}
2.5	4.825×10^{-22}	1.425×10^{-22}	2.599×10^{-22}	6.348×10^{-23}	4.103×10^{-23}	4.777×10^{-22}
2.6	4.182×10^{-22}	1.676×10^{-22}	2.499×10^{-22}	7.461×10^{-23}	5.031×10^{-23}	5.349×10^{-22}
2.7（500 keV）	3.629×10^{-22}	1.944×10^{-22}	2.359×10^{-22}	8.393×10^{-23}	6.023×10^{-23}	5.815×10^{-22}
2.8	3.169×10^{-22}	2.227×10^{-22}	2.206×10^{-22}	9.031×10^{-23}	7.073×10^{-23}	6.243×10^{-22}
2.9	2.800×10^{-22}	2.522×10^{-22}	2.058×10^{-22}	9.326×10^{-23}	8.184×10^{-23}	6.657×10^{-22}
3.0（1 MeV）	2.511×10^{-22}	2.824×10^{-22}	1.927×10^{-22}	9.298×10^{-23}	9.363×10^{-23}	7.007×10^{-22}
3.1	2.288×10^{-22}	3.122×10^{-22}	1.817×10^{-22}	9.015×10^{-23}	1.061×10^{-22}	7.196×10^{-22}
3.2	2.112×10^{-22}	3.398×10^{-22}	1.721×10^{-22}	8.556×10^{-23}	1.187×10^{-22}	7.138×10^{-22}
3.3（2 MeV）	1.961×10^{-22}	3.617×10^{-22}	1.631×10^{-22}	7.986×10^{-23}	1.302×10^{-22}	6.805×10^{-22}
3.4	1.815×10^{-22}	3.733×10^{-22}	1.532×10^{-22}	7.335×10^{-23}	1.384×10^{-22}	6.230×10^{-22}
3.5	1.657×10^{-22}	3.709×10^{-22}	1.413×10^{-22}	6.614×10^{-23}	1.412×10^{-22}	5.490×10^{-22}

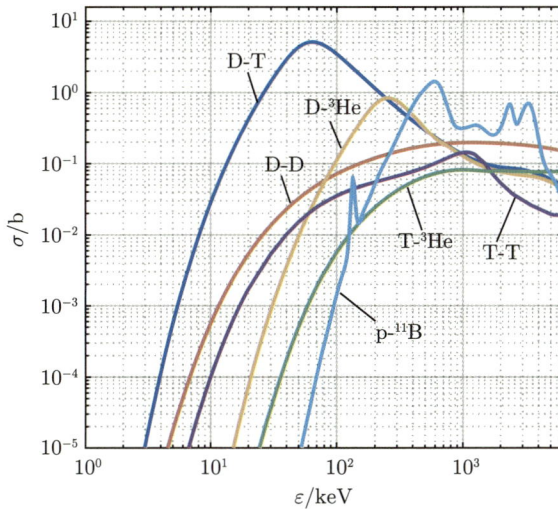

图 A.1 主要聚变反应的截面 σ 随质心系动能 ε 的变化

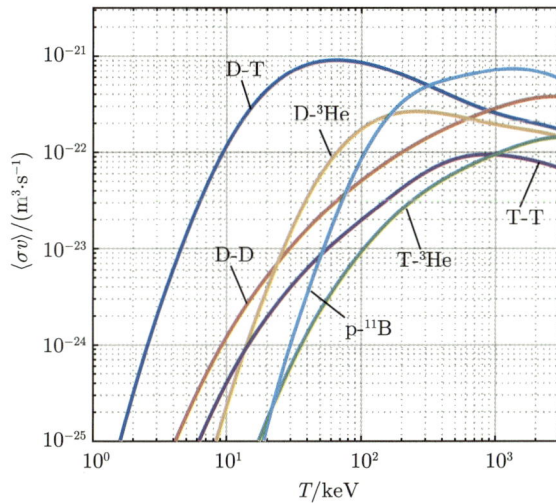

图 A.2 主要聚变反应的热平衡反应率系数 $\langle \sigma v \rangle$ 随离子温度 T 的变化

A.2 反应截面与反应率系数的拟合式

为了方便地开展推导、分析与计算，前人根据实测数据和相关理论总结了反应截面 σ 和热平衡下的反应率系数 $\langle \sigma v \rangle$ 的拟合式，现简要介绍如下。

反应截面：李兴中等[①]提出了一种半解析的 3 参数模型，可以以在 1 keV~1 MeV 范围内以高精度拟合几种轻核聚变的反应截面。表达式与式 (3.20) 相同：

——————————
① Li X Z, Wei Q M, Liu B. A new simple formula for fusion cross-sections of light nuclei[J]. Nuclear Fusion, 2008, 48(12): 125003. 原文中的表达式是基于打固定靶的入射粒子动能的，这里修改为了基于两粒子相对动能的。

$$\sigma\left(\varepsilon\right)=\frac{S\left(\varepsilon\right)}{\varepsilon}\frac{1}{\exp\left(\sqrt{\varepsilon_{\mathrm{G}}/\varepsilon}\right)-1} \tag{A.1}$$

式中

$$\sqrt{\varepsilon_{\mathrm{G}}}=31.40Z_1Z_2\sqrt{m_{\mathrm{r}}} \tag{A.2}$$

$$S\left(\varepsilon\right)=-16389\frac{C_3}{m_{\mathrm{r}}}\cdot\left\{\left(C_1+C_2{}'\varepsilon\right)^2+\left[C_3-\frac{2\pi}{\exp\left(\sqrt{\varepsilon_{\mathrm{G}}/\varepsilon}\right)-1}\right]^2\right\}^{-1} \tag{A.3}$$

式中，ε 的单位为 keV；σ 的单位为 b；m_{r} 是两种粒子的约化质量的质量数；Z_1, Z_2 是两种原子核的电荷数。几种常见反应的反应截面 3 参数如表 A.4 所示。

表 A.4　几种常见聚变反应的反应截面 3 参数

反应	C_1	C_2'	C_3
D-T	−0.5405	9.2545×10^{-3}	−0.3909
D-D	−60.2641	0.10132	−54.9932
D-^{3}He	−1.1334	5.0684×10^{-3}	−0.6702

反应率系数：Hively L M[①]提出了一个简单的 5 参数模型，可以在 1~80 keV 的范围内以较好的精度拟合几种常见聚变反应的热平衡反应率系数。表达式为

$$\langle\sigma v\rangle=10^{-6}\exp\left(a_1T^{-r}+a_2+a_3T^s\right) \tag{A.4}$$

式中，T 的单位是 keV；$\langle\sigma v\rangle$ 的单位是 m^3/s。几种常见反应的反应率系数 5 参数如表 A.5 所示。

Hively L M 同时还在该文章中总结和提出了另外几种拟合公式。另外，Bosch H S 和 Hale G M[②]还提出了一种更复杂的拟合式，精度更高一些。限于篇幅，不再列出。

表 A.5　几种常见聚变反应的反应率系数 5 参数

反应	a_1	a_2	a_3	r	s
D-T	−71.293	61.931	−37.304	0.13963	0.10059
D-D(p)	−14.879	−36.019	5.5964×10^{-2}	0.39648	−3.1005
D-D(n)	−15.315	35.904	0.19465	0.40569	−1.5743
D-^{3}He	−29.284	−29.452	-2.1114×10^{-5}	0.33768	2.3108

A.3　功率平衡公式整理

一般在聚变研究中涉及的轻粒子的性质如表 A.6 所示。

---

① Hively L M. Convenient computational forms for Maxwellian reactivities[J]. Nuclear Fusion, 1977, 17: 873-876.

② Bosch H S, Hale G M. Improved formulas for fusion cross-sections and thermal reactivities[J]. Nuclear fusion, 1992, 32(4): 611.

表 A.6　几种常见轻粒子的基本参数

元素	符号	质量数 A	电荷数 Z
电子	e^-	0.000549	-1
中子	n	1.008665	0
氕（质子）	p	1.007276	1
氘	D	2.013553	1
氚	T	3.015501	1
氦-3	$^3\mathrm{He}$	3.014933	2
氦-4（α 粒子）	α	4.001503	2
锂-6	$^6\mathrm{Li}$	6.01347	3
锂-7	$^7\mathrm{Li}$	7.01435	3
硼-11	$^{11}\mathrm{B}$	11.0093	5

设 n_e 为等离子体电子密度，n_{ij} 为等离子体诸离子密度，离子、电子温度皆为 T，显然有

$$n_e = \sum_j Z_j n_{ij}$$

那么

（1）聚变反应功率密度可表示为

$$S_f = n_{i1} n_{i2} \langle \sigma v \rangle E_f = r_1 n_e^2 \langle \sigma v \rangle E_f \tag{A.5}$$

式中，n_{i1}, n_{i2} 是两种反应离子的密度，而如果是同种离子，组合数为 $C_N^2 = N(N-1)/2 \approx N^2/2$，即 $n_{i1} n_{i2} \to \dfrac{1}{2} n_i^2$；$E_f$ 是一对反应粒子的等效放能。

（2）热传导损失功率密度可表示为

$$S_\kappa = \frac{W_i + W_e}{\tau_E} = \frac{r_2 n_e T}{\tau_E} \tag{A.6}$$

式中，τ_E 为能量约束时间；内能 $W_e = \dfrac{3}{2} n_e T$；$W_i = \dfrac{3}{2} \sum_j n_{ij} T$。

（3）韧致辐射功率损失密度为

$$S_B = C_B Z_{eff} n_e^2 \sqrt{T} \tag{A.7}$$

当 S_B, n_e 单位为公制，T 单位为 keV 时，$C_B = 5.139 \times 10^{-37}$；$Z_{eff} = \sum_j Z_{ij}^2 n_{ij}/n_e$ 是等效电荷数（注意 Z_{eff} 是离子电荷数平方的密度加权平均，这意味着少量高 Z 杂质就将显著提高等效电荷数，造成大量辐射损失）。

如第 4 章所言，修正的劳逊判据（反应产物的带电粒子部分的能量直接留在等离子体内）的表达式是

$$n_e \tau_E \geqslant \frac{r_2 T (1-\eta)}{[k + (1-k)\eta] r_1 \langle \sigma v \rangle E_f - (1-\eta) C_B Z_{eff} \sqrt{T}} \tag{A.8}$$

式中，k 是带电粒子携带的能量占比；η 是能量转化效率/输出能量用于反刍加热的比例。

假设反应式中燃料粒子数密度比为 1:1[①]，则常用反应的以上诸系数如表 A.7 所示。

表 A.7　各反应在修正劳逊判据表达式中的系数

反应	E_f/MeV	r_1	r_2	Z_{eff}	k
D-T	17.6	1/4	3	1	1/5
D-D（总）	3.6	1/2	3	1	2/3
D-^{3}He	18.3	1/9	5/2	5/3	1
T-T	11.3	1/2	3	1	1/3
T-^{3}He（总）	13.1	1/9	5/2	5/3	3/4
p-^{11}B	8.66	1/36	2	13/3	1

A.4　磁场计算公式整理

磁场方程中反复出现的叉乘、曲率和矢量微分算符比较复杂，这里整理一些简单公式的证明作为阅读的补充。

A.4.1　曲率

$\boxed{\kappa}$
曲率
向量，
指向
圆心

曲线的曲率矢量 κ 为方向矢量对弧长的导数，或位置矢量对弧长的二阶导数

$$\kappa = \frac{d}{ds}\hat{b} = r''(s) \tag{A.9}$$

方向是指向曲率圆心，模长为曲率半径的倒数，如图 A.3 所示。

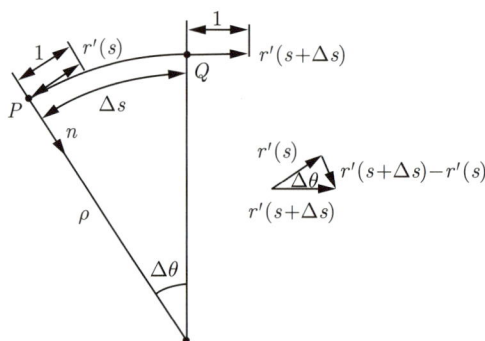

图 A.3　曲率矢量的微分计算

一段弧线的曲率的原始直观定义是曲率半径的倒数，即角度的变化除以弧长

$$\kappa = \frac{1}{R_c} = \frac{\Delta\theta}{\Delta s} \to \frac{d\theta}{ds}$$

[①] 这里假设燃料粒子数密度比为 1:1，实际是在假设离子总的数密度为定值时反应功率最大的情形。但这个条件不是必须的。事实上，如果假设电子密度为定值，燃料粒子（离子）根据其电荷数取相应的数密度比，则可以得到更低的劳逊判据。在实际应用，燃料粒子的比例还可能由反应产能的分配、次级反应导致的放射性等因素决定。

而对一个任意的曲线，在其上取一微元，它有微分的位移 $\mathrm{d}\boldsymbol{r}$ 和弧长 $\mathrm{d}s$，显然有关系

$$|\mathrm{d}\boldsymbol{r}| = \sqrt{\mathrm{d}\boldsymbol{r} \cdot \mathrm{d}\boldsymbol{r}} = \mathrm{d}s$$

所以 $\mathrm{d}\boldsymbol{r}$ 方向的单位切矢量就可以表示成

$$\hat{\boldsymbol{b}} = \frac{\mathrm{d}\boldsymbol{r}}{\mathrm{d}s} \equiv \boldsymbol{r}'(s) \ , \ |\boldsymbol{r}'(s)| = 1$$

也就是说：$\boldsymbol{r}'(s)$ 是切线方向的单位矢量。既然是单位矢量，就有

$$\boldsymbol{r}'(s) \cdot \boldsymbol{r}'(s) = 1$$

两边对 s 求导，立得

$$\boldsymbol{r}''(s) \cdot \boldsymbol{r}'(s) = 0$$

即 $\boldsymbol{r}''(s)$ 与 $\boldsymbol{r}'(s)$（即曲线的切线方向）是垂直的，称其为主法线方向。导数的定义可表明 $\boldsymbol{r}''(s)$ 处在曲率圆面上，指向曲线凹侧：

$$\boldsymbol{r}'(s + \mathrm{d}s) - \boldsymbol{r}'(s) = \boldsymbol{r}''(s)\,\mathrm{d}s$$

这三个矢量组成的三角形与曲率三角形是相似的，根据相似关系有

$$\mathrm{d}\theta = \frac{\mathrm{d}s}{R_\mathrm{c}} = \frac{|\boldsymbol{r}''(s)\,\mathrm{d}s|}{1}$$

即得曲率为

$$\kappa = \frac{\mathrm{d}\theta}{\mathrm{d}s} = |\boldsymbol{r}''(s)|$$

所以曲率矢量就是

$$\boldsymbol{\kappa} = \boldsymbol{r}''(s)$$

方向是指向曲率圆心，模长为曲率半径的倒数。

有时也用曲率半径矢量 $\boldsymbol{R}_\mathrm{c}$，方向是从曲率圆心发出，模长为曲率半径：

$$\boldsymbol{\kappa} = -\boldsymbol{R}_\mathrm{c}/R_\mathrm{c}^2$$

A.4.2 磁场力

对磁场而言，磁场线的方向为 $\hat{\boldsymbol{b}} = \boldsymbol{B}/B$，对弧长的导数即切线方向的方向导数为 $\frac{\partial}{\partial s} = \hat{\boldsymbol{b}} \cdot \nabla$，所以磁场线的曲率为

$$\boldsymbol{\kappa} = \frac{\partial \hat{\boldsymbol{b}}}{\partial s} = \hat{\boldsymbol{b}} \cdot \nabla \hat{\boldsymbol{b}} = \frac{\boldsymbol{B}}{B} \cdot \nabla \hat{\boldsymbol{b}} \tag{A.10}$$

$\boxed{\boldsymbol{R}_\mathrm{c}}$ 曲率半径向量，从圆心发出

又根据 $\boldsymbol{B} = B\hat{\boldsymbol{b}}$，可得

$$
\begin{aligned}
\boldsymbol{B} \cdot \nabla \boldsymbol{B} &= (\boldsymbol{B} \cdot \nabla B)\hat{\boldsymbol{b}} + (\boldsymbol{B} \cdot \nabla \hat{\boldsymbol{b}})B \\
&= B\frac{\partial B}{\partial s} + B^2 \boldsymbol{\kappa}
\end{aligned}
\tag{A.11}
$$

分为了平行于 $\hat{\boldsymbol{b}}$ 和垂直于 $\hat{\boldsymbol{b}}$ 的两项。事实上，这个式子就是磁张力，它与磁压强一起出现在下面这个式子中

$$
(\nabla \times \boldsymbol{B}) \times \boldsymbol{B} = \boldsymbol{B} \cdot \nabla \boldsymbol{B} - \frac{1}{2}\nabla B^2
\tag{A.12}
$$

这个式子又展开自磁约束的基本力平衡方程

$$
(\nabla \times \boldsymbol{B}) \times \boldsymbol{B} = \mu_0 \nabla p
\tag{A.13}
$$

这个基本力平衡方程就来自安培定律和静磁平衡方程

$$
\nabla \times \boldsymbol{B} = \mu_0 \boldsymbol{j}
$$

$$
\nabla p = \boldsymbol{j} \times \boldsymbol{B}
$$

将上面的式子都整理起来，变成

$$
\nabla \left(p + B^2/2\mu_0 \right) = \frac{\boldsymbol{B}}{\mu_0}\frac{\partial B}{\partial s} + \frac{B^2}{\mu_0}\boldsymbol{\kappa}
\tag{A.14}
$$

等号左边就是各向同性的压强项，右侧就是分为平行磁场方向的磁张力项、垂直磁场方向的磁张力项。

A.4.3 导心漂移

磁场对在其中回旋的粒子有一种独特的作用：当粒子受到任何的外力 $\boldsymbol{F}$ 时，粒子并不会沿着外力的方向持续加速，而会绕着回旋中心回旋的同时，回旋中心沿着垂直于外力和磁场的方向以一种恒定速度做漂移：

$$
\boldsymbol{v}_{\text{drift}} = \frac{\boldsymbol{F} \times \boldsymbol{B}}{qB^2}
\tag{A.15}
$$

下面可以通过运动方程来简明地证明这一点。

带电粒子的运动方程为

$$
m\dot{\boldsymbol{v}} = \boldsymbol{F} + q\boldsymbol{v} \times \boldsymbol{B}
$$

设外力场 $\boldsymbol{F}$ 和磁场 $\boldsymbol{B}$ 都不随时间变化，速度没有平行磁场方向分量 $\boldsymbol{v} \cdot \boldsymbol{B} = 0$。则对上式求导得

$$
\begin{aligned}
m\ddot{\boldsymbol{v}} &= q\dot{\boldsymbol{v}} \times \boldsymbol{B} \\
&= \frac{q}{m}(\boldsymbol{F} + q\boldsymbol{v} \times \boldsymbol{B}) \times \boldsymbol{B} \\
&= \frac{q}{m}(\boldsymbol{F} \times \boldsymbol{B} + qB^2\boldsymbol{v})
\end{aligned}
$$

再利用 $\omega_c = qB/m$，上式可整理为

$$\ddot{\boldsymbol{v}} = -\omega_c^2 \left(\boldsymbol{v} - \frac{\boldsymbol{F} \times \boldsymbol{B}}{qB^2} \right) \equiv -\omega_c^2 \left(\boldsymbol{v} - \boldsymbol{v}_{\mathrm{d}} \right)$$

显然 $\boldsymbol{v}_{\mathrm{d}}$ 是一个常数，所以该方程的解易得为

$$\boldsymbol{v} = \boldsymbol{v}_{\pm c} \mathrm{e}^{\pm \mathrm{i}\omega_c t} + \boldsymbol{v}_{\mathrm{d}}$$

这是一个回旋运动速度加上一个恒定的漂移速度，该漂移速度即为

$$\boldsymbol{v}_{\mathrm{d}} = \frac{\boldsymbol{F} \times \boldsymbol{B}}{qB^2}$$

下面是几种最重要的漂移速度：

（1）对电场，$\boldsymbol{F} = q\boldsymbol{E}$，代进去立得 $E \times B$ 漂移速度表达式

$$\boldsymbol{v}_{E \times B} = \frac{\boldsymbol{E} \times \boldsymbol{B}}{B^2} \tag{A.16}$$

对于缓变的磁场（磁场变化的时空标长远大于回旋运动的时空标长），可以证明回旋粒子磁矩受力为 $\boldsymbol{F} = -\mu \nabla B$。

（2）这样一来：对 $\nabla B \perp \boldsymbol{B}$ 且不明显弯曲的磁场，只有 $\boldsymbol{F} = -\mu \nabla B$，所以得到梯度 B 漂移速度表达式

$$\boldsymbol{v}_{\nabla B} = \frac{(-\mu \nabla B) \times \boldsymbol{B}}{qB^2} \tag{A.17}$$

$\boxed{\mu}$ 粒子磁矩，$\mu = \dfrac{1}{2}mv_\perp^2$ $\overline{}$ B

（3）弯曲的 $\boldsymbol{B}$ 场，总的漂移速度为

$$\boldsymbol{v}_R = \left(mv_{/\!/}^2 + \frac{1}{2}mv_\perp^2 \right) \frac{(-\boldsymbol{\kappa}) \times \boldsymbol{B}}{qB^2} \tag{A.18}$$

分两部分：首先，粒子会感受到一个离心力 $\boldsymbol{F}_{\mathrm{cf}} = -mv_{/\!/}^2 \boldsymbol{\kappa}$，造成离心力漂移速度

$$\boldsymbol{v}_{R,\mathrm{cf}} = \frac{(-mv_{/\!/}^2 \boldsymbol{\kappa}) \times \boldsymbol{B}}{qB^2}$$

其次，弯曲的磁场的强度肯定也会有变化，越往外越弱，可以感觉出来应该是反比于半径的一次方（$\propto 1/R_c$），即磁场梯度为

$$\frac{\nabla B}{B} = \boldsymbol{\kappa}$$

这样代入上面 $\boldsymbol{v}_{\nabla B}$ 的表达式，就能得到梯度漂移速度

$$\boldsymbol{v}_{R,\nabla B} = \frac{(-\mu B \boldsymbol{\kappa}) \times \boldsymbol{B}}{qB^2}$$

加在一起就得到弯曲磁场的总漂移速度。

或者写成另两种等价的形式为

$$\boldsymbol{v}_R = \frac{m}{qB} \left(v_{/\!/}^2 + \frac{1}{2}v_\perp^2 \right) \frac{(-\nabla B) \times \boldsymbol{B}}{B^2} = \frac{m}{qB} \left(v_{/\!/}^2 + \frac{1}{2}v_\perp^2 \right) \frac{\boldsymbol{R}_c \times \hat{\boldsymbol{b}}}{R_c^2}$$

A.4.4　缓变磁场

我们反复使用了缓变磁场下粒子受力的式子 $\boldsymbol{F} = -\mu \nabla B$，这是怎么来的呢？

我们将磁场在导心处作级数展开来得到粒子感受到的磁场，只保留到一阶：

$$\boldsymbol{B} = \boldsymbol{B}_0 + (\boldsymbol{r}_0 \cdot \nabla)\boldsymbol{B}|_0 \equiv \boldsymbol{B}_0 + \boldsymbol{B}_1$$

式中，脚标 0 表示在导心处的取值；$\boldsymbol{r}_0$ 表示粒子做回旋运动的位置矢量。所谓缓变——磁场变化的时空标长远大于回旋运动的时空标长——从数学的角度来讲，就是说：在一个回旋半径的距离上，磁场相对变化很小。即：

$$\frac{B_1}{B_0} = \frac{|(\boldsymbol{r}_0 \cdot \nabla)\boldsymbol{B}|_0}{|\boldsymbol{B}_0|} \sim \frac{r_{\rm c}}{L_B} \ll 1$$

这时，我们可以认为粒子运动还保持着回旋运动的基本特征，但有一些小偏差。我们将粒子的速度也分解成回旋运动速度 $\boldsymbol{v}_0$ 和一阶微扰速度 $\boldsymbol{v}_1$，有

$$\boldsymbol{v} = \boldsymbol{v}_0 + \boldsymbol{v}_1$$

这样一来，磁场对粒子的力就变成

$$
\begin{aligned}
q\boldsymbol{v} \times \boldsymbol{B} &= q(\boldsymbol{v}_0 + \boldsymbol{v}_1) \times (\boldsymbol{B}_0 + \boldsymbol{B}_1) \\
&= q(\boldsymbol{v}_0 + \boldsymbol{v}_1) \times \boldsymbol{B}_0 + q\boldsymbol{v}_0 \times \boldsymbol{B}_1 + q\boldsymbol{v}_1 \times \boldsymbol{B}_1
\end{aligned}
$$

其中均匀磁场对粒子只有回旋作用，两个一阶小量的乘积 $\boldsymbol{v}_1 \times \boldsymbol{B}_1$ 变成了二阶小量而退居次要的地位，我们感兴趣的就是 $\boldsymbol{v}_0 \times \boldsymbol{B}_1$ 这一项——它是假设粒子沿着未扰动轨道感受扰动磁场而产生的附加力。由于粒子以很快的速度做回旋运动，对导心运动来说感受到了的实际是粒子回旋一圈所累积的平均值，记作

$$\boldsymbol{F} = q\langle \boldsymbol{v}_0 \times \boldsymbol{B}_1 \rangle$$

学过量子力学或者理论力学的同学可能已经认出来，以上正是微扰论的方法，在这里被称为未扰动轨道积分法。

代入未扰动速度的表达式

$$\boldsymbol{v}_0 = \frac{q}{m}\boldsymbol{r}_0 \times \boldsymbol{B}_0$$

利用 $(\boldsymbol{b} \times \boldsymbol{c}) \times \boldsymbol{a} = \boldsymbol{c}(\boldsymbol{a} \cdot \boldsymbol{b}) - \boldsymbol{b}(\boldsymbol{a} \cdot \boldsymbol{c})$ 可得

$$
\begin{aligned}
\boldsymbol{F} &= \left\langle \frac{q^2}{m}(\boldsymbol{r}_0 \times \boldsymbol{B}_0) \times \boldsymbol{B}_1 \right\rangle \\
&= \frac{q^2}{m}[\langle \boldsymbol{B}_0(\boldsymbol{r}_0 \cdot \boldsymbol{B}_1) \rangle - \langle \boldsymbol{r}_0(\boldsymbol{B}_1 \cdot \boldsymbol{B}_0) \rangle]
\end{aligned}
$$

可以看出第一项平行于磁场方向，第二项垂直于磁场方向。这里以第一项为例，将其展开

$$\boldsymbol{F}_{//} = \frac{q^2}{m}\langle \boldsymbol{B}_0\,(\boldsymbol{r}_0\cdot\boldsymbol{B}_1)\rangle$$

$$= \frac{q^2}{m}\langle \boldsymbol{B}_0[\boldsymbol{r}_0\cdot[(\boldsymbol{r}_0\cdot\nabla)\boldsymbol{B}]_0]\rangle$$

设 θ 为回旋相位角，在直角坐标系下有

$$\boldsymbol{r}_0 = r_0(\sin\theta\,\boldsymbol{e}_x + \sin\theta\,\boldsymbol{e}_y),\boldsymbol{B}_0 = B_0\boldsymbol{e}_z$$

代回上式可得（回旋平均 $\langle\cdot\rangle$ 就是对 θ 做一周期积分）

$$\boldsymbol{F}_{//} = \frac{r_0^2 q^2 \boldsymbol{B}_0}{m}\left\langle\left[\sin^2\theta\frac{\partial B_x}{\partial x} + \cos^2\theta\frac{\partial B_y}{\partial y} + \sin\theta\cos\theta\left(\frac{\partial B_x}{\partial y} + \frac{\partial B_y}{\partial x}\right)\right]_0\right\rangle$$

$$= \frac{q^2 r_0^2 \boldsymbol{B}_0}{2m}\left(\frac{\partial B_x}{\partial x} + \frac{\partial B_y}{\partial y}\right)_0 = -\frac{q^2 r_0^2 \boldsymbol{B}_0}{2m}\frac{\partial B_z}{\partial z}\bigg|_0$$

$$= -\mu\frac{\partial B_z}{\partial z}\bigg|_0 \boldsymbol{e}_z = -\mu(\nabla B)_{//}$$

式中，利用了 $\nabla\cdot\boldsymbol{B} = 0$。同理可证 $\boldsymbol{F}_\perp = -\mu(\nabla B)_\perp$。于是综上所述，该附加力就可以写成

$$\boldsymbol{F} = -\mu\nabla B$$

这说明在弱不均匀的磁场中，粒子运动仍然具有回旋运动的基本特征，但由于磁场的不均匀性，粒子在一个回旋运动周期内，会经历不同的磁场，粒子感受的磁场实际是变化的，因而粒子可以感受到附加的力。

有了这个结论，磁矩 μ 的不变性就只是一个简单的推论了：磁矩在磁场中势能为 $W = -\boldsymbol{\mu}\cdot\boldsymbol{B} = \mu B$，则其产生的力为

$$\boldsymbol{F} = -\nabla W = -B\nabla\mu - \mu\nabla B$$

对比两个式子立得 $\nabla\mu = 0$。[①]

A.4.5 磁面

对于环位形磁约束来说，磁面是一个至关重要的概念：磁面与磁面上的电流交叉成网，产生的洛伦兹力对抗着等离子体压强，构成了磁约束的基本力平衡。

把磁感线比作纺线，如果它纺成一个闭合的曲面，那这样的曲面就叫作磁面。磁面是一层一层的，如果有一个量，其每个值就一一对应于一层磁面，那这个量就叫作磁面量。磁面量蕴含着有关磁场位形的大量信息，是研究磁场理论的重要工具。

---

① 当然，以上讨论仅针对磁场空间缓变、时间不变的情形。时间缓变、空间不变的情形用电磁感应环路积分即可，留作习题答案略，读者自证不难。

听起来有点抽象吧！那我们从最简单的 ϕ 向均匀（轴对称）柱位形出发，来解释这个东西。对于轴对称系统，磁面可定义为：一根磁感线在 (R, Z) 平面上的投影绕 Z 轴旋转一周得到的环面。磁场有矢量势 $\boldsymbol{A}$

$$\boldsymbol{B} = \nabla \times \boldsymbol{A}$$

在柱坐标 (R, ϕ, z) 下，因诸量在 ϕ 方向均匀，则上述旋度的表达式化简为

$$\boldsymbol{B} \equiv B_R \hat{R} + B_Z \hat{Z} + B_\phi \hat{\phi} = -\frac{\partial A_\phi}{\partial Z} \hat{R} + \frac{1}{R}\frac{\partial(RA_\phi)}{\partial R} \hat{Z} + \left(\frac{\partial A_R}{\partial Z} - \frac{\partial A_Z}{\partial R}\right) \hat{\phi}$$

可以看到 R 和 z 方向的磁场分量都由 A_ϕ 决定，并且只需稍加变换，定义一个函数 ψ 就可写成一致的形式：

$$\psi(R, Z) \equiv RA_\phi \Rightarrow \begin{cases} B_R = -\dfrac{1}{R}\dfrac{\partial \psi}{\partial Z} \\[2mm] B_Z = \dfrac{1}{R}\dfrac{\partial \psi}{\partial R} \end{cases}$$

即 $\boldsymbol{B} = \dfrac{1}{R}(-\partial_z \psi, \partial_R \psi, RB_\phi)$，又因 $\nabla \psi = (\partial_R \psi, \partial_z \psi, 0)$，所以

$$\boldsymbol{B} \cdot \nabla \psi = 0$$

这就是说当我们沿着 $\boldsymbol{B}$ 行走时，所看到的 ψ 将是一个定值。也就是每一根磁感线都对应一个常数 ψ，也就是每根磁感线所"纺"成的磁面对应一个常数 ψ。这就是我们要找的"磁面量"！或者更严谨地说，磁感线在 (R, Z) 平面上投影的方程为

$$\frac{\mathrm{d}Z}{\mathrm{d}R} = \frac{B_Z}{B_R}$$

稍加变换即得

$$B_Z \mathrm{d}R - B_R \mathrm{d}Z = 0 \Rightarrow \mathrm{d}\psi = 0$$

所以，磁面与函数 ψ 具有一一对应的关系，ψ 也被称为磁面函数。利用它，可以将磁场写成

$$\begin{aligned} \boldsymbol{B} &= B_R \hat{R} + B_Z \hat{Z} + B_\phi \hat{\phi} \\ &= -\frac{1}{R}\partial_z \psi + \left(-\frac{1}{R}\partial_R \psi\right) + I\nabla\phi \\ &= \nabla\psi \times \nabla\phi + I\nabla\phi \end{aligned}$$

其中

$$\nabla\phi = \frac{1}{R}\hat{\phi}, \quad \psi \equiv RA_\phi, \quad I \equiv RB_\phi$$

这个表达式就是托卡马克磁场理论的起点。

关于 ψ：

虽说我们将 ψ 称为磁面量，可它的物理意义是什么呢？注意到轴对称位形下磁面的定义是磁感线的投影，轴对称和投影这两点联立起来，就说明任何磁感线都不能穿过磁面，否

则两个磁感线就会有交点。于是，两个磁面之间的极向磁通必是定值。这就给出了磁面函数 ψ 的物理意义：磁面函数 ψ 代表着极向磁通。确切地说是：两磁面间的极向磁通与二者磁面函数的差成正比

$$\Phi_{\mathrm{p}} = 2\pi\Delta\psi$$

关于 I：

为什么要费事把 RB_ϕ 写成 I 呢？因为 I 同样有物理意义：I 代表着极向电流。事实上 I 对于一条磁感线来说也是定值（即一条闭合磁感线串起的电流），所以 I 也是磁面的函数，即 $I = I(\psi)$，常称为极向电流函数或励磁项。举例，如果 B_ϕ 完全由外线圈产生，则

$$I = RB_\phi = R\frac{\mu_0 i}{2\pi R} = \frac{\mu_0 i}{2\pi} = \text{常数}$$

因此如果 I 发生变化，就说明有除外线圈电流之外的等离子体极向电流存在。确切地说是：两磁面间的极向电流与二者极向电流函数的差成正比

$$I_{\mathrm{p}} = \frac{2\pi}{\mu_0}\Delta I(\psi)$$

A.5 聚变等离子体中的各种时空标长

聚变等离子体中包含多种时间、空间尺度的过程和结构，它们相互交叉耦合，使得等离子体中的物理过程非常丰富。这里摘录一些在典型参数下的聚变等离子体中的各种时空标长，读者至少应对这些大小关系有一个笼统的印象（见图 A.4，图 A.5）。

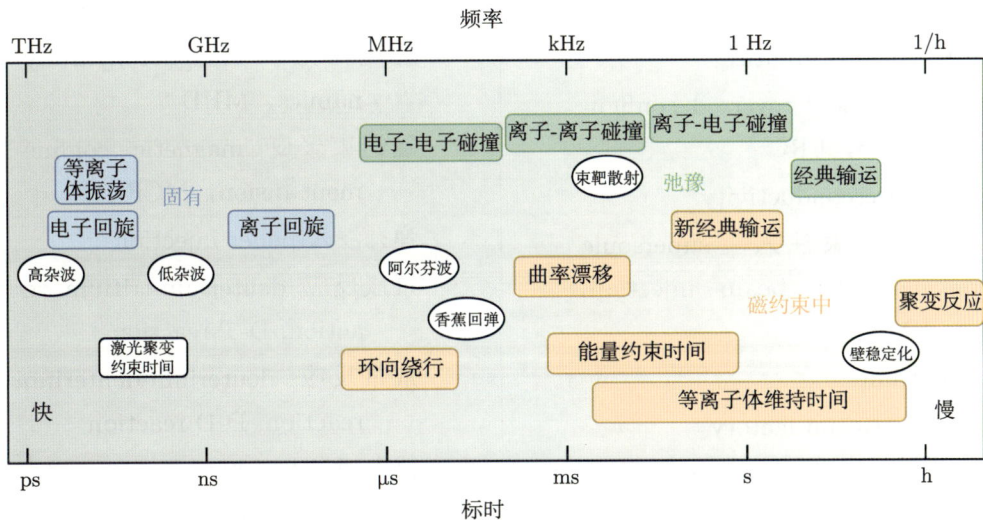

图 A.4　典型参数下等离子体中的诸过程的时间尺度分布图

典型参数：磁场 $0.5\sim5$ T，密度 $10^{19}\sim10^{20}$ m^{-3}，温度 $1\sim10$ keV，装置尺寸约 1 m。

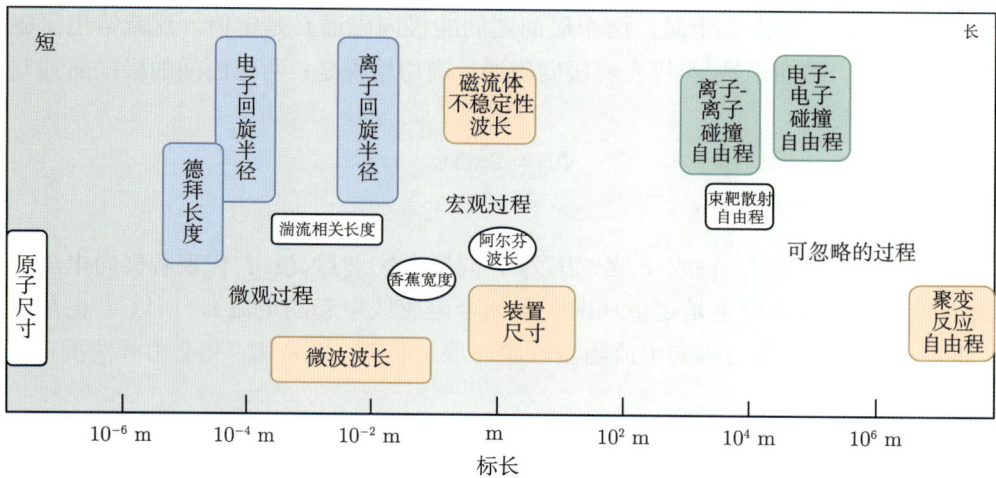

图 A.5　典型参数下等离子体中的诸结构的空间尺度分布图

A.6　术语中英文对照

α 粒子 alpha particles

安全因子 safety factor

半衰期 half-life period，half-live

包层 blanket

比结合能 specific binding energy

比压 beta

比压极限 beta limit

不稳定性 instabilities

场反位形 field reversed configu-ration，FRC

超导 superconductivity

超声分子束注入 supersonic molecular beam injection，SMBI

氚 tritium

氚工厂 tritium factory

氚增殖 tritium breeding

氚增殖比 tritium breeding ratio，TBR

磁场位形 magnetic configuration

磁岛 magnetic island

磁惯性约束聚变 magneto-inertial confinement fusion，MIF

磁化靶聚变 magnetized target fusion，MTF

磁镜 magnetic mirror

磁流体力学 magnetohydrody-namics，MHD

磁约束聚变 magnetic confine-ment fusion，MCF

弹丸注入 pellet injection

氘氚反应 deuterium-tritium re-action, D-T reaction

氘氘反应 deuterium-deuterium reaction, D-D reaction

得失相当 break even

德拜屏蔽 Debye shielding

等离子体 plasma

等离子体参数 plasma parameter

等离子体频率 plasma frequency

低温核聚变 low temperature fusion

低约束模,L 模 low mode, L mode

第一壁 first wall

点火 ignition

电阻率 resistivity

定标律 scaling law

动理论 kinetic theory

反常输运 anomalous transport

反场箍缩 reverse d-field pinch, RFP

反应截面 cross section

反应率（反应速率）reaction rate

反应率系数 reaction rate coefficient

反应性 reactivity

仿星器 stellarator

辐照损伤 radiation damage

高约束模, H 模 high mode, H mode

格林沃尔德极限 Greenwald limit

工程增益, Q_E 值 engineering gain

功率 power

功率密度 power density

功率平衡 power balance

箍缩效应 pinch effect

惯性约束聚变 inertial confinement fusion, ICF

国际热核聚变实验堆 International Thermonuclear Experimental Rector, ITER

核极化 nuclear polarization

核聚变 nuclear fusion

核力 nuclear force

核裂变 nuclear fission

核散射 nuclear scattering

黑腔 hohlraum

宏观不稳定性 macro-instabilities

环向场 toroidal field

回旋辐射 cyclotron radiation

激光聚变 laser fusion

极向场 poloidal field

间接驱动 indirect drive

交换不稳定性 exchange instability

角向箍缩, θ 箍缩, θ pinch

结合能 binding energy

紧凑环 compact torus

浸渐不变量 adiabatic invariant

经典输运 classical transport

静电聚变 electrostatic fusion

聚爆 implosion

聚变反应 fusion reaction

聚变三乘积 fusion triple product

抗磁性漂移 diamagnetic drift

库仑对数 Coulomb logarithm

库仑势垒 Coulomb barrier

快点火 fast ignition

拉莫回旋 Larmor gyration

腊肠不稳定性 sausage instability

朗道阻尼 Landau damping

劳逊判据 Lawson criterion

冷聚变 cold fusion

离子束聚变 ion beam fusion

理想聚变反应 ideal fusion reaction

粒子约束时间 particle confinement time

量子隧穿 quantum tunneling

裂变 fission

裂变聚变混合堆 fission-fusion hybrid reactor

μ 子聚变 muon catalyzed fusion

慢化层 moderator

密度极限 density limit

能量 energy

能量密度 energy density

能量约束时间 energy confinement time

能源 energy resources

扭曲不稳定性 kink instability

欧姆场 Ohmic field

欧姆加热 Ohmic heating

碰撞频率 collision frequency

偏滤器 divertor

平均自由程 mean free path

破裂 disruption

气泡聚变 bubble fusion

氢弹 hydrogen bomb

氢硼反应 hydrogen-Boron reaction, p-B reaction

氢循环（质子-质子循环）hydrogen cycle (proton-proton cycle)

球马克 spheromak

球形环 spherical torus

球形托卡马克 spherical tokamak

燃料靶丸 capsule

燃烧率 burning rate

热传导 heat conduction

热传导系数 thermal conductivity coefficient

热核聚变 thermonuclear fusion

热扩散系数，热扩散率 thermal diffusivity

热稳定性 thermal stability

韧致辐射 bremsstrahlung radiation

瑞利-泰勒不稳定性 Rayleigh-Taylor instability

弱相互作用 weak interaction

射频波加热 rf heating

声致发光 sonoluminescence

束靶聚变 beam target fusion

泰勒弛豫态 Taylor relaxation state

碳循环 carbon cycle

特鲁永极限 Troyon limit

体点火 volume ignition

湍流输运 turbulent transport

托卡马克 Tokamak

微观不稳定性 micro-instabilities

物理增益，Q 值 physical gain

先进燃料反应 advanced fuel reaction

限制器 limiter

线辐射 line radiation

新经典输运 neoclassical transport

悬浮偶极场 levitated dipole

约束时间 confinement time

杂质辐射 impurity radiation

增殖层 breeder

诊断 diagnostics

直接驱动 direct drive

直线箍缩, Z 箍缩，Z-pinch

质能关系 mass-energy relationship

质谱仪 mass spectrograph

质心系动能 center-of-mass energy

质子 proton

中微子 neutrino

中心热斑点火 hot spot ignition

中性束加热 neutral beam injection heating

中子 neutron

中子倍增层 neutron multiplier

准中性 quasi-neutrality

最小场 minimum-field